CARRÉS CLASSIQUES

Collection COLLÈGE dirigée par
Cécile de Cazanove
Agrégée de Lettres modernes

CW01619105

Béatric

Wiggins et le Perroquet muet

1992

texte intégral

Édition présentée par
Antonia Gasquez
Agrégée de Lettres modernes

Nathan

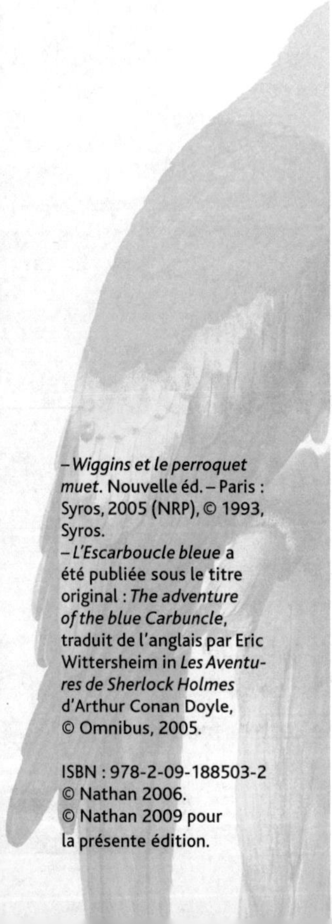

– *Wiggins et le perroquet muet*. Nouvelle éd. – Paris : Syros, 2005 (NRP), © 1993, Syros.
– *L'Escarboucle bleue* a été publiée sous le titre original : *The adventure of the blue Carbuncle*, traduit de l'anglais par Eric Wittersheim in *Les Aventures de Sherlock Holmes* d'Arthur Conan Doyle, © Omnibus, 2005.

ISBN : 978-2-09-188503-2

sommaire

Avant la lecture

Lire Wiggins et le perroquet muet

Après la lecture

Autre lecture

Dossier central images en couleur

avant la lecture

Qui êtes-vous, Béatrice Nicodème ?

L'Angleterre au temps de Conan Doyle

Qui sont les personnages ?

Qui êtes-vous, Béatrice Nicodème ?

Mes études et mon premier métier

Je suis née en 1951, dernière d'une famille de six enfants. Après mes études secondaires, j'obtiens une licence d'allemand, alors que je suis plutôt considérée comme « bonne en maths ».

Pendant **vingt ans**, j'exerce le métier de **maquettiste** dans des magazines pour la jeunesse : *Le Journal de Mickey, Picsou Magazine*... Cette activité révèle, bien sûr, mon intérêt pour un public de jeunes lecteurs.

Mon chemin vers l'écriture

« Une révélation ! Tout de suite, je suis fascinée. »

Une révélation ! À douze ou **treize ans**, je dévore ***Le Chien des Baskerville*** d'Arthur Conan Doyle, une des aventures qui mettent en scène **Sherlock Holmes**. Tout de suite je suis fascinée par ce mélange de mystère et de raisonnement logique qui, uni à l'esprit d'observation, permet de démonter le mécanisme du crime.

Alors que j'ai trente ans environ, je me lance enfin dans **l'écriture d'un roman policier**, ce qui me prend beaucoup de temps : deux ans pour le rédiger et au moins autant pour le publier. Pour pouvoir vivre de ma plume, il me faudra encore de la patience.

Mon premier roman est destiné aux adultes, mais dès la création de la **collection Souris Noire**, je décide d'écrire **pour la jeunesse**. Je publie une quinzaine de romans policiers, sans pour autant délaisser les romans historiques : *Les Loups de la Terreur, La Mort du loup blanc*... dont les intrigues se déroulent entre 1794 et 1804.

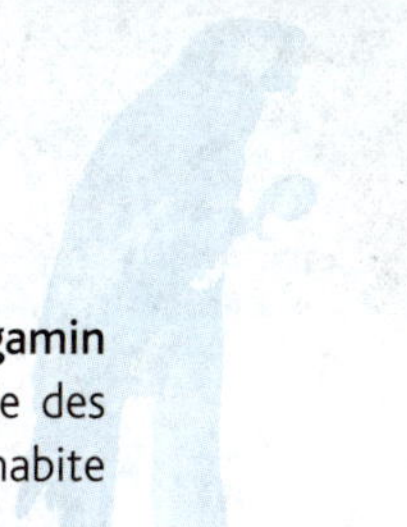

Mes méthodes d'écriture

Je ne commence jamais l'écriture d'un roman avant de connaître les grandes lignes de **mon intrigue** : s'il y a meurtre, qui le commet ? Pourquoi ? Comment ? Qui va élucider l'affaire ? Je connais aussi parfaitement **mes personnages** : leur physique, leur caractère, leurs manies, les événements qui les ont marqués et qui peuvent avoir une influence sur leur comportement. Ils deviennent **aussi vivants** pour moi **que des personnes réelles**.

Quand **je relis**, si je sens que l'ennui me guette, je sais aussitôt que le lecteur s'ennuiera aussi. J'essaie alors d'imaginer un rebondissement surprenant ou effrayant. Je peux même ajouter un meurtre !

Wiggins, mon personnage

Mettre en scène un héros à peu près de l'âge des lecteurs, retrouver le plaisir de ma découverte de Conan Doyle et évoquer **Londres** que j'adore : voilà les trois raisons qui m'ont menée tout naturellement à **Wiggins**. Ce **gamin des rues** fait partie de la bande des **Irréguliers de Baker Street** où habite Sherlock Holmes. Il aide le célèbre détective dans deux de ses enquêtes et apparaît dans six de mes romans.

J'éprouve beaucoup de plaisir à imaginer ses aventures qui me transportent dans un Londres mystérieux et dangereux. Je rends aussi hommage à **son créateur, Conan Doyle**.

« Ses aventures me transportent dans un Londres mystérieux et dangereux. »

Le prix Groom

Pour redonner vie à ce personnage, je lui ai **inventé un passé** : j'ai imaginé son enfance, sa mère, son rêve de devenir aussi habile que le célèbre détective qui l'emploie. En retour, Wiggins m'a permis de recevoir **le prix Groom**, décerné par la Société Sherlock Holmes de France, pour *Wiggins et Sherlock contre Napoléon*. Nul doute qu'il reviendra pour d'autres aventures ; il l'a bien mérité... ■

L'Angleterre au temps de Conan Doyle

Le règne de Victoria

La **reine Victoria** monte sur le trône en 1837, à l'âge de **dix-huit ans**, quand son oncle Guillaume IV meurt sans enfants. Elle se marie en 1840 avec Albert de Saxe-Cobourg, et le fait prince consort (il devient son époux, mais c'est elle qui règne) en 1857. La reine suit les conseils éclairés de son époux et reste inconsolable lorsqu'il meurt en 1861. Son règne dure **soixante-quatre ans** et restaure le prestige de la couronne. L'empire britannique est alors au sommet de sa puissance sur le monde, en particulier grâce à ses nombreuses colonies. Édouard VII succède à sa mère en 1901.

Le règne de Victoria restaure le prestige de la couronne.

La ville de Londres

Londres organise deux **Expositions universelles**, en 1851 puis en 1862, et révèle ainsi la supériorité écrasante de

1837	1851	1859	1862	1870	1871-1872	1882	1887
Couronnement de la reine Victoria	Première Exposition universelle, à Londres	Naissance de Conan Doyle à Édimbourg	Troisième Exposition universelle, à Londres	Mort de Charles Dickens. Loi sur l'enseignement obligatoire	Création de l'Armée du Salut	Installation comme médecin à Plymouth	*Une étude en rouge* : première apparition de Sherlock Holmes et de Wiggins

l'Angleterre, **première nation industrielle du monde**. Le pays est en majorité peuplé de citadins. La population de Londres double en trente ans et atteint 4,5 millions d'habitants en 1891. Mais la ville se développe sans aucune planification d'ensemble.

Conan Doyle rend célèbre une rue de Londres en « logeant » Sherlock Holmes dans **Baker Street**, rue située dans un **quartier élégant du West End**. Les aventures du détective l'amènent à fréquenter les bas-fonds ou **quartiers pauvres de la capitale dans l'East End**. Là règnent la misère, la faim, l'insécurité. Les romans de Conan Doyle rendent fidèlement compte de la vie londonienne, avec sa société contrastée et sa police aux moyens limités.

Une ville contrastée où quartiers élégants et bas-fonds se côtoient.

Londres est aussi **un centre de la vie littéraire**. La plupart des écrivains célèbres y habitent : George Eliot, Henry James, Charles Dickens, H.G. Wells, Oscar Wilde. ■

- *1888* — Six meurtres de femmes commis par Jack l'Éventreur
- *1891* — *Le Signe des quatre :* deuxième roman avec Sherlock Holmes et Wiggins
- *1901* — Mort de la reine Victoria. Couronnement d'Édouard VII
- *1902* — *Le Chien des Baskerville*
- *1910* — Couronnement de George V
- *1914-1918* — Première Guerre mondiale
- *1927* — Fin des aventures de Sherlock Holmes (10 romans ou recueils de nouvelles)
- *1930* — Mort de Conan Doyle

Qui sont les personnages ?

Wiggins

Gamin des rues de Londres, il a quinze ans et dirige la bande des Irréguliers de Baker Street. Il aide Sherlock Holmes dans son enquête. C'est lui qui raconte l'histoire.

Réussira-t-il à résoudre l'énigme ?

Sherlock Holmes

Détective célèbre, créé par Conan Doyle au XIXe siècle et repris dans ce roman par Béatrice Nicodème. Il vit dans Baker Street.

Pourquoi fait-il appel à Wiggins ?

Watson

Médecin et ami de Sherlock Holmes.

Comment Wiggins le considère-t-il ?

La mère de Wiggins

Elle vend du poisson au Billingsgate Market. Veuve, elle loue une petite chambre sans confort pour son fils et elle.

Comment aide-t-elle son fils ?

L'inspecteur Lestrade

Inspecteur de police, il a beaucoup de mal à mener les enquêtes dont il est chargé.

Pourquoi Sherlock Holmes ne lui fait-il pas confiance ?

Ferguson

Empailleur, il tient une boutique sordide et un peu inquiétante. Il va engager Wiggins comme apprenti.

Toutes ses activités sont-elles légales ?

lire

Béatrice Nicodème

Wiggins et le perroquet muet

1992

texte intégral

CETTE AVENTURE SE DÉROULE À LONDRES à la fin du XIXe siècle. L'Angleterre vivait alors sous le règne de la reine Victoria, qui gouverna le pays pendant soixante-quatre ans, de 1837 à 1901.

Ce fut pour l'Empire britannique une époque de prospérité économique et d'expansion, pendant laquelle les sciences et les techniques progressèrent à grands pas. Durant cette période, les chandelles et les lampes à pétrole furent remplacées d'abord par l'éclairage au gaz, puis par l'électricité. La bicyclette se développa à partir de 1888, en attendant l'industrie automobile qui devait prendre son essor dans les dix dernières années du siècle. La photographie apparut en 1840 et le phonographe aux alentours de 1889.

Mais il ne faut pas imaginer Londres comme une ville d'aujourd'hui ! On y circulait en fiacre. Les hommes, portant généralement la barbe ou les favoris, étaient vêtus de redingotes et coiffés de chapeaux hauts de forme lorsqu'ils se rendaient à un dîner élégant. Les femmes portaient des robes longues largement évasées à partir de la taille. La mode, pour ces dernières, était aux petits chapeaux, souvent ornés de fleurs ou d'oiseaux, et aux bottines à talons (ce n'est qu'à partir de 1885 qu'on commença à différencier la forme d'une chaussure droite de celle d'une chaussure gauche !).

L'Angleterre était prospère mais tous les Anglais n'étaient pas riches, loin de là... La partie est de Londres, ou East End, vivait dans la misère. Mal logés, mal nourris, au chômage ou travaillant jusqu'à l'épuisement pour de maigres salaires, ceux qui avaient la malchance de naître dans une famille pauvre avaient peu d'espoir de s'en sortir.

C'est à Whitechapel, quartier de l'East End, qu'est né notre héros, Wiggins. Le personnage a été créé par Arthur Conan Doyle, le « père » de Sherlock Holmes. Gamin astucieux et courageux, il apparaît de façon fugace dans deux des aventures du célèbre détective : *Une Étude en rouge* et *Le Signe des quatre*, à l'occasion desquelles il apporte une aide précieuse dans la recherche des criminels. N'était-il pas injuste qu'il reste éternellement dans l'ombre de Sherlock Holmes ?

Cette injustice est aujourd'hui réparée.

PLAN DE LONDRES

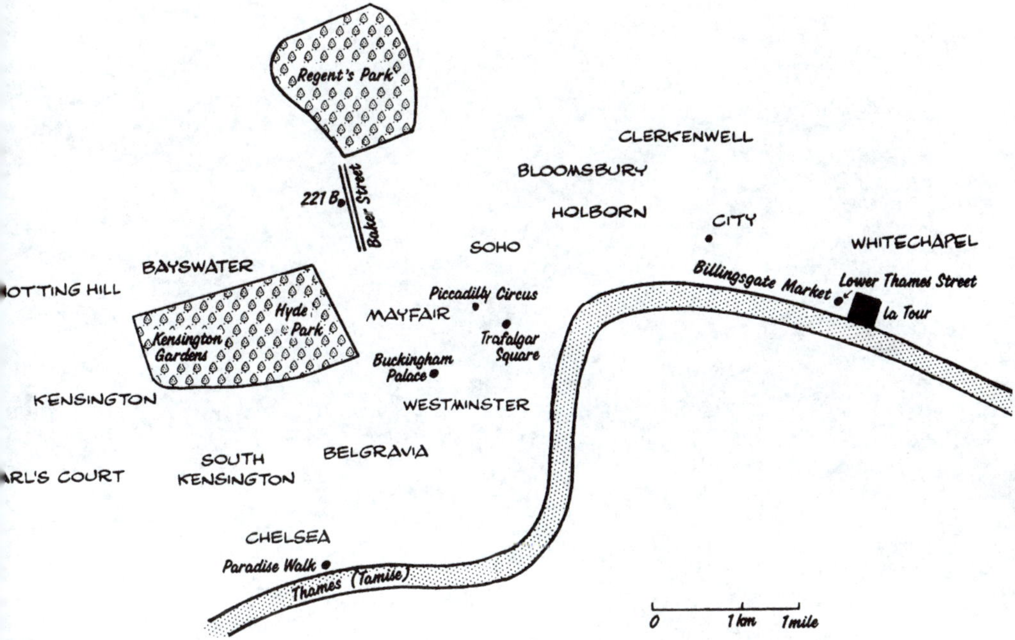

1

Ça fait plusieurs années que M. Sherlock Holmes, le célèbre détective, fait régulièrement appel à mes services. C'est plutôt drôle, d'ailleurs, de dire régulièrement, parce que moi et ma bande on s'appelle Les Irréguliers de Baker Street… Et c'est moi qui dirige toutes les opérations.

On n'est pas toujours bien vus là où l'on passe : toujours à fouiner pour découvrir ce qu'il ne faut pas, plus rapides que les lévriers des courses de riches et puis, il faut bien le dire, pas toujours très propres. J'ai lu *Une étude en rouge,* dans laquelle le docteur Watson[1] a raconté les exploits de son ami : il a bien été obligé de parler de nous, parce qu'il est honnête, pour un docteur, mais il nous a habillés pour l'hiver[2], si j'ose dire : *Les plus sales et les plus déguenillés*[3] *que j'eusse jamais vus* (quand même, il écrit bien, le docteur Watson)… *les six petits drôles se mirent en rang comme autant de statuettes minables…* N'empêche ! Si on n'avait pas donné un coup de main au grand détective, l'infâme Jefferson Hope[4] courrait toujours !

Mais tout ça n'est pas grave. Quand M. Sherlock Holmes me convoque, je vois bien dans ses yeux que mes frusques[5] minables et mes cheveux pleins de poussière ne lui font ni chaud ni froid : il sait que je suis de

chapitre 1

Les Irréguliers de Baker Street

Bande de gamins dont Wiggins est le chef. Ils aident Sherlock Holmes dans deux romans de Conan Doyle : *Une étude en rouge* (1886) et *Le Signe des quatre* (1890). ■

1. Ami de Sherlock Holmes, il raconte ses aventures dans les romans de C. Doyle.
2. Critiqués.
3. Mal habillés.
4. Nom du meurtrier dans *Une étude en rouge*.
5. Habits en mauvais état.

la même race que lui. Et lui, c'est l'homme le plus intelligent qui ait jamais existé. Par exemple, dès que j'entre dans son salon, il peut me dire d'où je viens, rien qu'à voir la couleur de la boue qui est collée à mes chaussures.

D'accord, c'est élémentaire, comme il dit[1], mais à toutes les grandes personnes je n'arrête pas de raconter n'importe quoi pour m'amuser et elles n'y voient que du feu… Tandis que M. Sherlock Holmes… N'empêche qu'un jour, je l'ai bien eu, lui aussi !

J'avais reçu un télégramme. *Urgence au 221B. Entre 4 et 6 p.m.*[2] À quatre heures pile je frappe à la porte du 221B Baker Street. Mme Hudson, comme d'habitude, me fait entrer avec l'air aussi horrifié que si elle voyait la Tour de Londres se balader dans la rue. Pauvre femme ! Son locataire doit lui en faire voir de drôles !

Bref, je monte l'escalier, et j'ai à peine posé les pieds sur le palier que la porte s'ouvre. Le grand homme me fait entrer. Et là, je lui dis tout à trac[3] :

– Vous êtes sur une affaire difficile, et il s'agit d'une femme. Une femme petite et distraite qui n'habite pas à Londres.

Vous auriez vu ses yeux ! J'ai tout de suite compris que je lui en avais bouché un coin[4]. Je ne lui ai pas expliqué que la cafetière posée sur la table et la pipe de bruyère encore chaude m'avaient montré qu'il venait de réfléchir longtemps et très fort. Quant à la femme petite, distraite et vivant en province, c'était facile à deviner : la dame en question avait oublié son gant, un gant minuscule, et une carte du Sussex[5] était à moitié dépliée sur la table.

La Tour de Londres

Construite sur la rive gauche de la Tamise (voir carte p. 17), elle a servi de résidence royale mais surtout de prison. Elle fut le lieu d'exécutions sanglantes. Aujourd'hui, la Tour abrite un musée d'armes et les diamants de la Couronne. ■

1. Dans les romans de Conan Doyle, Sherlock Holmes se moque de Watson qui souvent ne comprend pas très vite les déductions de son ami.
2. Entre 4 et 6 heures de l'après-midi, soit 16 h-18 h.
3. Soudainement.
4. Je l'avais surpris.
5. Région au sud de Londres.

En tout cas, depuis ce jour-là, M. Sherlock Holmes a eu de plus en plus souvent recours à moi, et il ne l'a pas regretté : chaque fois qu'il m'a confié une mission, je l'ai accomplie avec succès. Grâce à moi, il a confondu[6] des tas de criminels.

Et il sait être généreux, M. Sherlock Holmes. Maintenant j'ai quinze ans et je ne me balade plus avec mon éternel manteau mité et mes chaussures trouées. Je les ai gardés, parce qu'il y a des endroits à Londres où il vaut mieux passer inaperçu, mais j'ai aussi un haut-de-forme[7] pour me déguiser en cocher, une ou deux cravates, et même un macfarlane[8] presque aussi élégant que celui du détective. Avec ça, je peux entrer partout. Et puis j'ai acheté un boa[9] et des bottines à lacets pour maman, et ça, ça a été le plus beau jour de ma vie.

Maman vend du poisson au Billingsgate Market, le marché au poisson. Son patron est une espèce de gros porc avec des yeux noyés dans la graisse comme les raisins d'un *Christmas pudding*[10]. Il lui donne les corvées les plus pénibles. Elle se lève à cinq heures du matin, même en hiver, et travaille sans arrêt dans une boutique à peine éclairée.

Le Billingsgate Market, c'est assez amusant à voir quand on n'est pas obligé d'y travailler. Ça sent la mer au point que c'en est écœurant, les vendeurs parlent un argot[11] auquel on ne comprend rien si on n'est pas né dans les parages, et il y a une animation incroyable, avec des camelots[12] et des porteurs qui courent dans tous les sens sur des pavés gluants où on manque sans arrêt de dégringoler…

? À votre Avis

Où se trouve Billingsgate Market ***(voir carte p. 17) :***

- ❑ près de la Tamise ?
- ❑ au bord de la mer ?
- ❑ dans les beaux quartiers ?

6. Démasqué.
7. Chapeau haut et cylindrique.
8. Manteau sans manches, avec des ouvertures pour passer les bras et un grand rabat en forme de cape.
9. Une écharpe en plumes.
10. Gâteau traditionnel préparé plusieurs semaines avant Noël.
11. Langue populaire.
12. Marchands ambulants qui vendent des produits à bas prix.

Pour en revenir à maman, quand elle rentre le soir, épuisée, elle répare des chaises tard dans la nuit. Je me demande quand elle dort.

On habite à Whitechapel[1], un des quartiers les plus pauvres de la ville, dans une petite rue qui donne dans Commercial Road. Pour ceux qui ne connaissent pas ce coin de Londres, je dirais que c'est le plus pittoresque. On y trouve les gens les plus invraisemblables qui puissent exister, venus d'un peu tous les pays et habillés de toutes sortes de vêtements sans forme ni couleur. Pour quelqu'un qui n'est pas habitué, il y en a même qui doivent faire peur, mais moi je connais presque tout le monde.

Le samedi soir, il y a une espèce de marché ouvert où on vend de tout, des lapins vivants aux chaussures dépareillées[2]. Avec maman, on y va quelquefois quand on a le cafard[3], et maman se paie un vin chaud si elle a pu économiser un peu pendant la semaine. Mais ça, c'est très rare.

On a une toute petite chambre pour nous deux. Elle est mal chauffée et la fenêtre ferme mal, mais au moins on est ensemble… J'avais un petit frère : le pauvre est mort de la grippe un hiver où il a fait très froid. Si on avait pu acheter du bois, peut-être qu'il aurait pu guérir. Mais à l'époque j'avais six ou sept ans, je ne connaissais pas M. Sherlock Holmes et on était encore plus pauvres que maintenant.

Mon père, je ne me souviens même pas de lui. Maman m'a dit qu'il était marin et qu'il avait fait naufrage juste avant la naissance de mon frère.

1. Quartier pauvre situé dans l'East End, à l'est de Londres.
2. Qui ne vont plus par paires.
3. Des idées noires.

Bon, je ne vais pas m'étendre trop longtemps sur le sujet. C'est comme si le docteur Watson, quand il raconte ses aventures, se lamentait sur ses souffrances pendant la guerre, sur son frère qui n'est pas très recommandable, ou sur sa femme qui est morte l'an dernier. Ça n'intéresse personne. L'enquête que je vais raconter maintenant est beaucoup plus passionnante. Après tout, c'est mon premier grand succès de détective.

2

TOUT A COMMENCÉ le 1er février 1889. Il faisait un froid de loup depuis plusieurs jours. Une nuit, la température était descendue tellement bas que l'eau des fontaines avait gelé. L'avantage, c'est que le marché au poisson sentait un peu moins mauvais. Mais pour maman c'était terrible, elle avait les mains couvertes d'engelures[1] à force de couper les têtes des poissons qui étaient plus froids que des icebergs.

On dormait pliés en huit pour essayer de conserver la chaleur animale et, le matin, il fallait casser la glace dans la cuvette pour se laver. Inutile de dire que la toilette était vite expédiée ! Dans les rues, c'était pire que tout, on manquait à chaque instant de glisser sur le verglas, il y avait des fiacres[2] qui se renversaient. Quant à moi, je vendais mes journaux en courant pour ne pas être transformé en statue de Peter Pan.

Vendeur de journaux, c'est mon métier. Enfin, ça l'était jusqu'à ce que je décide de devenir détective. Ce n'est pas de tout repos, parce qu'il faut en vendre le plus possible si on veut gagner un peu d'argent. De temps en temps, je m'amuse à crier des nouvelles sensationnelles pour attirer les clients – des nouvelles inventées, bien sûr. Ensuite, il n'y a plus qu'à détaler avant qu'ils s'aperçoivent qu'ils se sont fait rouler !

1. Plaies dues au froid, accompagnées parfois de crevasses.
2. Voitures à cheval louées pour un trajet ou à l'heure.

Alors, quand un commissionnaire[3] m'a apporté un message de M. Sherlock Holmes me demandant de venir à Baker Street toutes affaires cessantes[4] – ils ont de ces expressions, les gens de la haute[5] ! –, je me suis dit qu'au moins j'allais passer un petit moment dans son salon où il y aurait un bon feu de bois, et que, si j'arrivais assez pâle et l'air au bout du rouleau[6], j'aurais même peut-être droit à un cognac.

Pour le cognac, j'ai dû faire tintin[7]. Le détective n'a sans doute pas osé devant le docteur Watson qui est parfois un peu strict. Mais j'ai eu droit à un thé bouillant avec une lichette[8] de rhum, et un feu d'enfer brûlait dans la cheminée. Et puis au moins on y voyait clair. Au 221B Baker Street, on s'éclaire au gaz, pas à la bougie !

Le salon de M. Sherlock Holmes, je crois qu'il ne changera jamais, même quand le détective aura passé l'arme à gauche[9]. Le canapé confortable, la peau d'ours devant la cheminée, la babouche[10] pour ranger le tabac, le violon et, dans un coin, les éprouvettes avec des liquides de toutes les couleurs… Je me souviendrai toute ma vie de cette pièce comme si j'y étais né. D'ailleurs c'est un peu vrai, puisque c'est là qu'est née ma vocation.

Ils étaient donc tranquillement assis tous les deux près du feu, M. Sherlock Holmes et le docteur Watson. Le détective, en robe de chambre, regardait en l'air ou au loin, je ne sais pas où. Il avait les mains jointes, un peu comme s'il priait, et il parlait lentement :

– Prêt pour une nouvelle aventure, Wiggins ?

Ce n'était même pas la peine de répondre, il me connaissait ! D'ailleurs, il n'a pas attendu pour continuer :

3. Personne chargée d'une commission.
4. Le plus vite possible.
5. Des hautes classes de la société.
6. Très fatigué.
7. M'en passer
8. Goutte.
9. Sera mort.
10. Pochette en cuir.

– Vous n'avez peut-être pas entendu parler de Violet Juniper ? C'est une danseuse de cabaret assez connue. Elle a passé quelques mois à Paris, où elle a dansé aux Folies-Bergère[1].

Je ne sais pas comment s'y prend M. Sherlock Holmes, mais tout ce qu'il touche se transforme en roman. Le nom, déjà, Violet Juniper… Les Folies-Bergère… J'en oubliais de boire mon thé.

– La pauvre petite a été étranglée.

Les romans, avec M. Sherlock Holmes, sont plutôt du genre noir. Mais, moi qui avais vécu depuis le mois d'août dans la terreur que Jack l'Eventreur ne vienne assassiner maman pendant la nuit, je n'étais pas à ça près !

Jack l'Éventreur

Il assassina six femmes entre août et novembre 1888, dans le quartier de Whitechapel. Son identité n'a jamais été découverte, malgré de nombreuses enquêtes. ■

1. Cabaret célèbre pour ses spectacles de french cancan (danse populaire).

3

– L'INSPECTEUR LESTRADE M'A DEMANDÉ de l'aider à trouver l'assassin, a poursuivi le détective. Cet imbécile y perd son latin[2], comme d'habitude. Je ne demanderais pas mieux que de lui rendre service, malheureusement je suis à la recherche d'un diadème disparu, sans compter une autre enquête extrêmement confidentielle dont m'a chargé le Premier ministre. J'ai pu cependant me rendre sur les lieux du crime, dans Paradise Walk[3], et j'y ai fait quelques constatations intéressantes. Là où Lestrade n'avait rien vu, j'ai découvert des traces de pas. Plus exactement, les traces d'un pas. De petites traces circulaires d'un diamètre d'environ un pouce[4]. Qu'en pensez-vous, Wiggins ?

C'était bien la première fois que M. Sherlock Holmes me demandait mon avis. J'étais aussi affolé que si la reine Victoria en personne m'avait adressé la parole. Je ne sais pas comment j'ai trouvé le courage d'articuler :

– La trace d'une canne, peut-être ?

M. Sherlock Holmes s'est tourné vers son ami le docteur Watson et est parti d'un grand éclat de rire. Je ne savais pas trop s'il se moquait de moi, et le docteur Watson n'avait pas l'air très fixé non plus. Mais le détective m'a rassuré :

? À votre Avis

Pour Sherlock Holmes, Lestrade est :

- ❑ un homme compétent ?
- ❑ un incapable ?
- ❑ un malfaiteur ?

2. Ne comprend rien à l'affaire.
3. Voir la carte p. 17.
4. 2,54 cm.

– Bravo, Wiggins ! C'est admirable ! Remarquablement proche de la vérité ! Cependant, étant donné le diamètre de l'empreinte, je pencherais plutôt pour une jambe de bois, d'autant qu'une canne laisse rarement une marque aussi profonde dans un plancher… Mais j'ai trouvé mieux encore. Au grand dam[1] de Lestrade qui me regardait d'un air horrifié, je me suis mis à quatre pattes pour renifler ces traces. Elles sentaient indubitablement le poisson ! Et maintenant, Wiggins, vous comprenez pourquoi je vous ai fait venir…

– Pour m'envoyer à la recherche d'un homme à la jambe de bois qui fréquente le Billingsgate Market ?

– Exactement ! Contentez-vous de le repérer et de découvrir où il habite, je me charge du reste. Pensez-vous pouvoir vous débrouiller seul, ou aurez-vous besoin de vos *Irréguliers* ?

Il y avait quelques mois que je ne voyais plus trop mes copains. J'avais comme la vague intuition que pour devenir quelqu'un il valait mieux travailler seul. C'est ce que j'ai expliqué à ma façon au détective. Il m'a donné une avance de quelques shillings[2] et je les ai quittés, lui et son ami le docteur, avec l'impression que le plancher n'était pas tout à fait horizontal. Le rhum, sans doute ?

Cela venait peut-être aussi de l'idée qui m'avait frappé, comme ça, sans raison. J'avais réalisé d'un seul coup que j'allais quitter ce salon confortable pour retourner vendre mes journaux dans l'air humide et glacé, avant de dévorer un ou deux harengs et de m'assoupir en grelottant dans une pièce pleine de courants d'air. Pour peu que je perde mon travail de

1. Au grand regret.
2. Ancienne monnaie anglaise.

vendeur de journaux, je finirais dans une *workhouse*, et maman dans un hospice[3]. Si je voulais devenir comme l'homme au profil d'aigle et aux yeux de lynx[4] que j'admirais tant, il était temps de réaliser un exploit… en retrouvant tout seul le meurtrier de Violet Juniper.

J'ai donc dévalé l'escalier et, deux secondes et demie après avoir ouvert la porte qui donnait dans la rue, je l'ai claquée en faisant autant de bruit que possible. J'ai tendu l'oreille. Mme Hudson, qui était dans l'escalier de la cave, soupirait et grommelait mais, à l'étage, il n'y avait pas le moindre craquement de plancher. M. Sherlock Holmes était resté dans son fauteuil, il ne verrait donc pas que je n'avais pas quitté le 221B. C'était un bon début, car pour tromper le grand homme il fallait se lever de bonne heure[5].

Il ne me restait plus qu'à remonter me poster derrière la porte de l'appartement. Aussitôt décidé, aussitôt fait. Heureusement, je suis habitué à me rendre pour ainsi dire invisible et silencieux.

Je ne m'étais pas trompé : maintenant que j'étais parti – ou censé l'être –, le docteur Watson bombardait son ami de questions. Formidable ! C'était exactement celles que j'aurais voulu poser, on aurait dit que je les lui dictais à travers la porte. Et M. Sherlock Holmes répondait ! Il avait bien de temps en temps la voix de quelqu'un qui va s'impatienter, mais il répondait quand même. Il donnait une foule de détails sur la mort de Violet Juniper.

Puis il est passé à un autre sujet, et, juste à ce moment-là, j'ai entendu souffler au rez-de-chaussée comme s'il y avait un gros animal dans l'entrée. C'était Mme Hudson

Les workhouses

Établissements accueillant les pauvres en échange d'un travail souvent pénible. On y appliquait une discipline très stricte : les femmes, les hommes et les enfants y vivaient séparés. Ils avaient la réputation de ressembler à des prisons. ■

? À votre Avis

Pourquoi Wiggins ne quitte-t-il pas tout de suite la maison ? Il veut…

- ❑ aller dans la cuisine demander des gâteaux ?
- ❑ profiter de la chaleur ?
- ❑ en savoir plus ?

3. Établissement où vivaient les vieillards et les infirmes pauvres.
4. Au regard perçant.
5. Être doué.

qui sortait de la cave… et voilà qu'elle a entrepris de monter l'escalier ! Si elle me voyait là, écoutant aux portes, ça allait être ma fête[1] !

Je ne sais pas ce qui s'est passé alors dans sa vieille tête d'Écossaise, mais finalement elle est redescendue chez elle. J'avais eu chaud ! D'ailleurs j'en savais assez, et j'ai filé à la française[2]. Pour de bon, cette fois.

1. J'allais avoir des problèmes.
2. Je suis parti. En anglais, on dit filer à la française ; en français, filer à l'anglaise !

pause lecture 1

questions sur les chapitres 1 à 3

Qui a tué Violet Juniper ?

Londres au XIXe siècle

- Quels sont les métiers qu'exerce la mère de Wiggins ?
- Où travaille-t-elle pendant la journée ? VOIR ? PAGE 21
- À quelle date commence l'aventure ?

1 Différents lieux

- Dans quel quartier habite Wiggins ? Comment est-il logé avec sa mère ? Que sont-ils obligés de faire en hiver ?
- Où habite Sherlock Holmes ? Citez quelques objets qui garnissent son salon. Pourquoi Wiggins est-il content d'aller chez lui ?
- Quelle image de Londres Wiggins donne-t-il dans son récit ?

2 Différentes classes sociales

- Que sait-on sur la famille de Wiggins ? Pourquoi son petit frère n'a pu être sauvé ? Quel est le seul luxe que la mère de Wiggins peut s'offrir de temps en temps ?
- Comment vit Sherlock Holmes ? Citez des éléments précis qui prouvent qu'il a beaucoup plus d'argent que Wiggins et sa mère.
- Qui est la reine Victoria (p. 27) ? Quel sentiment Wiggins éprouve-t-il pour elle ?

Le début de l'enquête

- Quand et où a lieu la rencontre entre Wiggins et Sherlock Holmes ?
- Qui a été assassiné ? Où et comment ?
- Que fait Wiggins après son entrevue avec Sherlock Holmes ?

VOIR ? PAGE 29

1 Le meurtre

- Comment vivait la victime ? Que sait-on de son passé ?
- Comment réagit Wiggins en entendant ces informations ?

2 L'enquête de Sherlock Holmes

- Quelles constatations Sherlock Holmes a-t-il faites sur le lieu du crime ?
- Sur quelle piste lance-t-il Wiggins ?
- Pourquoi Sherlock Holmes ne peut-il pas se consacrer totalement à l'enquête sur la mort de Violet Juniper ?

3 La mission de Wiggins

- Pourquoi Sherlock Holmes fait-il appel à Wiggins dans cette affaire ? Pensez à l'endroit où travaille sa mère.
- Sherlock Holmes a-t-il l'intention de confier toute l'enquête à Wiggins ? Quel sentiment Wiggins éprouve-t-il en quittant le salon du détective ?
- Pour quelles raisons Wiggins reste-t-il derrière la porte après avoir quitté Sherlock Holmes ?

Les défenseurs de l'ordre

- Qui est le narrateur de cette histoire ?
- Qui est Lestrade ? Comment Sherlock Holmes le juge-t-il ?

VOIR ? PAGE 27

1 Sherlock Holmes

- Quelle méthode Sherlock Holmes utilise-t-il dans ses investigations ?
- Relisez le raisonnement de Sherlock Holmes, p. 27-28. Dans quel registre de langue s'exprime-t-il ? Citez quelques mots à l'appui de votre réponse.

2 Watson

- En quels termes Watson parle-t-il de Wiggins et de ses amis (p. 19) ?
- Que fait Watson une fois que Wiggins est parti ?

3 Wiggins

- « Il sait que je suis de la même race que lui » (p. 19-20), dit Wiggins en parlant du détective. Expliquez ce jugement en précisant leurs qualités communes.
- Quel registre de langue Wiggins utilise-t-il pour raconter l'histoire ? Donnez des exemples précis pour justifier votre réponse. Quel est l'effet créé ?

4 Lestrade

- Pages 27-28, relevez tous les termes négatifs employés par Sherlock Holmes à propos de Lestrade. Quels sont ses défauts ?

Du texte à l'image

Observez le tableau → voir dossier images p. I

Le Marché aux poissons de Billingsgate, George Elgar (1824-1914).

- À quoi voit-on que ce tableau représente un marché aux poissons ? Comment est rendue l'impression de bousculade ?
- Quel personnage du roman travaille sur ce marché ? Dans quelles conditions ?

Observez l'image → voir dossier images p. II

- Quelle activité pratiquent les deux jeunes gens ?
- Qui exerce ce métier dans le roman ? Quelle ruse emploie-t-il pour augmenter les ventes ?

Crieur de journaux à Londres, William Nicholson, 1898.

À vous de jouer !

Écrivez une suite au récit

Imaginez que Wiggins commence tout de suite son enquête : il va au marché aux poissons chercher des informations.

Jouez une scène

Interrogé par l'inspecteur Lestrade, Wiggins explique pourquoi il apprécie de travailler avec Sherlock Holmes. Jouez la scène.

4

La première chose à faire était de chercher l'homme à la jambe de bois. Ce genre d'individu est facile à repérer, mais je ne pouvais pas me renseigner de tous les côtés, vu qu'il s'agissait d'une enquête confidentielle[1]. La seule personne en qui je pouvais avoir vraiment confiance, c'était maman. En plus, elle connaissait le Billingsgate Market comme sa poche. J'ai donc couru d'une seule traite[2] de Baker Street jusqu'à la boutique où elle travaillait, ce qui faisait sûrement plus de trois miles[3].

Ensuite, il a fallu attendre que le patron à la face de pudding sorte du magasin avant de pouvoir expliquer en vitesse à maman de quoi il retournait. La pauvre était un peu affolée, mais elle m'a promis d'ouvrir grand les yeux et de questionner ses copines.

Quand je lui ai dit que si elle retrouvait l'homme à la jambe de bois j'aurais peut-être de quoi lui offrir une paire de gants, elle s'est mise à mélanger les soles de Douvres et les saumons d'Écosse, et j'ai détalé comme un lapin pour ne pas entendre les injures du patron qui était revenu. J'étais libre maintenant de mener mon enquête personnelle. Et j'avais ma petite idée.

Heureusement que je suis habitué à marcher, car Chelsea[4] se trouve à près de cinq miles du Billingsgate Market, et il faisait toujours aussi froid. J'aurais bien

1. Secrète.
2. Sans m'arrêter.
3. Environ cinq kilomètres : un mile égale 1 609 mètres.
4. Quartier de Londres habité essentiellement par des artistes. Voir carte p. 17.

volé un vélo, mais ce n'était pas le moment de me faire arrêter par un agent de police !

Je décidai d'aller à Paradise Walk en longeant la Tamise. Plus on allait vers l'ouest, plus le paysage était beau. Les branches des arbres avaient l'air d'être en sucre d'orge – du sucre d'orge, j'en ai vu une fois dans la vitrine de chez Fortnum & Mason[1] –, et le fleuve était d'une couleur un peu bizarre, comme dans les rêves. C'était presque féerique, à condition d'oublier que l'eau était pleine de cadavres.

Chaque fois que je regardais la Tamise, je ne pouvais pas m'empêcher de penser à tous ces gens qui se baladaient avec les poissons, et quand j'allais voir maman au marché, j'avais toujours peur de trouver un bras ou un orteil au milieu de ceux qu'elle vendait. Comme dit maman, j'ai toujours eu trop d'imagination. En tout cas, pour le moment, je ne savais pas qui il fallait plaindre le plus : les noyés de la Tamise, ou Violet Juniper qui s'était fait étrangler.

Malgré tout, avant d'être la victime de l'homme à la jambe de bois, elle avait dû avoir plutôt de la chance. La rue où elle habitait ne sentait ni le poisson, ni la bière, ni les égouts. Et ses voisins n'étaient pas des mastodontes[2] avec des têtes de Christmas pudding, mais des gens normaux qui répondaient aimablement quand on leur posait des questions. Il faut dire que, à force d'observer M. Sherlock Holmes, j'ai fini par apprendre à parler aux gens de la haute. Il ne m'a pas fallu longtemps pour savoir où habitait Violet Juniper. Ou plutôt où elle avait habité, la pauvre...

1. Avec Harrod's, c'est l'un des plus grands magasins de luxe de Londres.

2. Géants.

Sa logeuse était une femme aux cheveux couleur de jelly à l'abricot, une Irlandaise qui s'appelait Mme Kelly. Elle était beaucoup plus bavarde que Mme Hudson, ou alors peut-être que je lui avais tapé dans l'œil. Elle s'est mise à me raconter la vie de Violet Juniper de A jusqu'à Z, à quelle heure elle se levait et combien elle avait de robes, le plat qu'elle préférait et quel jour elle allait chez le coiffeur, qu'elle était frileuse et que pourtant elle ne supportait pas les écharpes autour du cou et que c'était sans doute « prémonitoire »[3]. « Pauvre petite ! Une jeune fille si sérieuse ! Même pas de petit ami ! Jamais de visite ! Qui aurait pu croire ? »

M. Sherlock Holmes m'a toujours appris que les détails les plus « insignifiants », comme il dit, sont bien souvent les plus importants. N'empêche que cette femme commençait à me fatiguer. J'ai essayé de la relancer sur le crime et sur l'enquête.

Mme Kelly était comme une grosse boule de billard : il suffisait de lui donner un petit coup et elle rebondissait dans tous les sens à toute vitesse, et il n'y avait plus moyen de la rattraper. Au lieu de me raconter ce qui s'était passé lorsque l'inspecteur Lestrade était venu avec M. Sherlock Holmes, elle s'est mise à me décrire le grand détective en long et en large. Comme si je ne le connaissais pas mieux qu'elle ! Je n'en pouvais plus, surtout que cela se passait sur le pas de la porte et que mes pieds commençaient à ressembler à des daurades[4] prises par les glaces. Quant à mes mains, je ne savais pas à quoi elles ressemblaient, pour la bonne raison que je ne les sentais plus.

La jelly

Sorte de gelée aux fruits qui entre notamment dans la composition de la *jelly trifle*, dessert typiquement anglais constitué d'un mélange de biscuits imbibés de liqueur, de jelly et de crème anglaise. ■

3. Un signe annonciateur.
4. Poissons.

Je n'avais rien mangé depuis mon croûton de pain du petit déjeuner, et je commençais à voir Mme Kelly à travers un nuage, un peu comme quand Londres disparaît dans le brouillard. Je crois que j'étais sur le point de tomber dans les Granny Smith, autrement dit dans les pommes. Mais à ce moment-là, à travers l'ouate[1] qui m'entourait, j'ai entendu quelque chose qui m'a semblé tout à coup très important.

– Je n'en ai pas dormi de la nuit, après que ce monsieur de la police est venu ici avec le détective. Ils m'avaient fait promettre de ne rien leur cacher. Comme si ça avait pu me venir à l'esprit ! J'ai trop envie qu'on attrape ce salopard d'étrangleur ! Mais voilà, ma mémoire me fait parfois défaut. C'est seulement au moment de m'endormir que ça m'est revenu : quand on a découvert le cadavre, mon mari et moi, Loulou n'était pas là !

Qui était Loulou ? Quelqu'un de suspect, forcément ! J'étais certainement sur le point d'apprendre un détail capital, que je serais le seul à connaître puisque Mme Kelly n'en avait encore parlé à personne. Cette idée me réchauffait déjà le bout des pieds.

– Qui est Loulou ? ai-je demandé.

– Loulou ? Mais le perroquet, bien sûr !

Un perroquet… Voilà qui était intéressant ! Les perroquets, ça parle, et ça répète ce que ça entend. Si on avait fait disparaître le perroquet, c'était sûrement parce qu'on avait peur qu'il en dise trop… Il n'y avait plus qu'à retrouver l'oiseau et il me donnerait le nom de l'assassin. J'étais peut-être un peu optimiste, mais en tout cas je n'avais plus froid du tout.

1. Le coton.

Et puis tout à coup j'ai eu à nouveau les pieds comme des *ice creams*[2]. Parce que Mme Kelly ajoutait :

– Un magnifique perroquet jaune et vert qu'on lui avait offert un ou deux jours avant sa mort. Elle en était folle. Malheureusement, il ne lui a pas porté chance. À croire que c'est lui qui l'a étranglée. Enfin, façon de parler, parce que je ne vois pas comment un perroquet empaillé[3] pourrait tuer quelqu'un !

– Empaillé ?

– Eh oui ! Il y en a qui ont de drôles de goûts. Il paraît que c'est la grande mode : les animaux empaillés, les boîtes en coquillages, les albums de photos… Comment voulez-vous faire le ménage correctement avec tous ces trucs qui traînent sur les meubles ? Des nids à poussière, je vous dis !

Cette fois, j'étais vraiment trop gelé, je n'avais plus la force d'écouter les discours de Mme Kelly. De toute façon, ce n'était pas un perroquet empaillé qui me donnerait le nom de l'assassin. J'ai planté la pauvre femme au milieu d'une phrase et j'ai repris le chemin de la maison, furieux d'avoir perdu mon temps.

? À votre Avis

Loulou était un perroquet…

- ❑ empaillé ?
- ❑ en cage ?
- ❑ en bois ?

2. Crèmes glacées.
3. Rempli de paille pour être conservé après sa mort.

chapitre 5

5

APRÈS AVOIR VENDU LES JOURNAUX du soir – sans beaucoup de succès : par ce froid, les gens étaient restés chez eux –, je suis rentré à la maison et j'ai préparé le dîner pour le retour de maman : un ragoût de pommes de terre aux pommes de terre.

Est-ce qu'elle aurait retrouvé l'homme à la jambe de bois ?

Elle l'avait retrouvé ! Mais c'était décidément le jour des faux espoirs. En réalité, elle ne l'avait pas vu en personne. Elle avait juste parlé à ses copines, et l'une d'elles le connaissait très bien.

Seulement le pauvre homme avait eu une crise cardiaque la veille. Le remords, sans doute. En tout cas, pour ce qui était de lui faire avouer son crime, M. Sherlock Holmes pouvait toujours aller se rhabiller, et moi avec.

Un peu plus tard dans la soirée, en s'escrimant[1] sur une chaise qui perdait toute sa paille, maman m'a dit :

– Contrairement à ce qu'on affirme, je suis sûre que Jack l'Éventreur n'est pas mort. Je me demande même s'il n'aurait pas une nouvelle crise de folie meurtrière.

– Ça m'étonnerait, lui ai-je répondu. Il y a trois mois qu'il n'a tué personne. Qu'est-ce qui te fait dire ça ?

– L'homme à la jambe de bois.

– Ah ?

1. S'appliquant.

Ça devenait intéressant. Maman avait peut-être encore des « révélations » à me faire[2], pour parler comme M. Sherlock Holmes. Elle s'est expliquée :

– En réalité, ce bonhomme n'est pas vraiment mort d'une crise cardiaque.

Je m'en doutais bien un peu, mais je ne voulais pas inquiéter maman avec mon enquête. J'ai donc pris l'air innocent, et maman a continué :

– Il s'est comme qui dirait suicidé. Dans le quartier, personne ne le savait, mais il avait une fille qui s'en était très bien sortie. Elle était danseuse dans un cabaret. Belle comme le jour, à ce qu'il paraît. Il en était fier comme tout, mais il n'en parlait presque pas pour ne pas lui faire de tort. Si on avait su que son père vivait dans un taudis de Lower Thames Street[3], à deux pas du Billingsgate Market, elle n'aurait pas été près de trouver un mari ! Alors il allait la voir en cachette, à la nuit tombée. Même sa logeuse ne l'avait jamais vu. Eh bien, tu sais ce qui lui est arrivé, à cette pauvre fille ? Elle s'est fait étrangler ! Le malheureux est devenu comme fou quand il l'a appris. En rentrant de l'enterrement, il s'est enfermé et il a bu jusqu'à en mourir. On l'a retrouvé au milieu d'un tas de bouteilles vides. C'était ce qui pouvait lui arriver de mieux. C'est tellement atroce de perdre un enfant…

Comme dirait le docteur Watson, maman a alors sombré dans une profonde rêverie. Moi aussi. Mais pas pour la même raison.

Si l'homme à la jambe de bois était un pauvre père éploré[4], cela ne pouvait pas être lui l'assassin. L'assassin

2. Des informations à me donner.
3. Rue par laquelle on accède au Billingsgate Market. Voir la carte, p. 17.
4. En pleurs.

était donc quelqu'un d'autre – élémentaire ! –, quelqu'un qui avait cru bon de voler un perroquet empaillé par-dessus le marché. Tout ça était bien excitant, car j'en savais maintenant beaucoup plus que M. Sherlock Holmes. Je ne voyais pas encore bien pourquoi l'assassin avait fait disparaître un animal qui ne risquait pas de le dénoncer, mais il y avait forcément une raison.

J'ai tellement travaillé du chapeau[1] cette nuit-là que je n'ai pas fermé l'œil. Maman non plus ; mais, elle, c'était parce qu'elle avait trop froid. Elle toussait à s'arracher le gosier. Il était temps que je la sorte de là. Notre sort à tous les deux était entre les griffes du perroquet empaillé.

1. Réfléchi.

6

À L'AUBE, J'AI QUITTÉ NOTRE CHAMBRE. Je ne suis pas du genre à réfléchir au coin du feu comme M. Sherlock Holmes, moi. Je suis un gamin des rues et c'est dans les rues que je trouve l'inspiration.

À l'heure où je devais prendre les journaux du matin pour aller les vendre, j'avais établi mon plan de bataille, et, tout en m'époumonant[2] à hurler les nouvelles du jour, j'y repensais. Et plus j'y repensais, plus j'étais sûr d'être sur la bonne voie.

Pendant que je criais à tous les coins de rue : « L'enquête sur la mort de l'archiduc Rodolphe ! S'agit-il d'un accident de chasse ? », je me disais : « Violet Juniper n'avait pas de petit ami et elle ne recevait pas de visites à part celles de son père. C'est donc sûrement lui qui lui a offert Loulou, c'est pour ça qu'elle tenait tant à cette bestiole. Avec sa jambe de bois, M. Juniper ne devait pas s'aventurer très loin de chez lui, sauf pour aller voir sa fille. En traînant vers Lower Thames Street, je finirai bien par savoir où il a acheté l'animal. Ensuite il faudra jouer serré[3], parce que si j'ai raison il risque d'y avoir du grabuge[4]… »

Un peu plus tard, quand je suis arrivé dans Lower Thames Street, la tempête s'est levée et la neige s'est mise à tomber. Au bout d'une demi-heure, les rues et les

Rodolphe de Habsbourg

Fils unique de François-Joseph Ier, empereur d'Autriche et roi de Hongrie, il fut trouvé mort avec son amie Marie Vetsera dans le pavillon de chasse de Mayerling le 1er février 1889. ■

2. M'épuisant.
3. Être prudent.
4. Des problèmes.

maisons ressemblaient à un énorme gâteau biscornu[1] recouvert de sucre glace[2]. Bientôt il n'y a plus eu que quelques personnes dehors, et j'ai eu bien du mal à obtenir le renseignement dont j'avais besoin. Mais j'y suis tout de même arrivé.

Il y avait trois boutiques d'empailleurs[3] dans le coin et, en éliminant la première qui ne faisait pas d'oiseaux et la deuxième qui était fermée depuis un mois, il n'en restait qu'une : *Furs and Feathers, Ferguson & Co*[4].

La boutique était minable et plus sombre qu'un cachot de la Tour[5]. Il y avait juste, dans un coin, une petite lampe à pétrole qui n'éclairait pas grand-chose. Je n'arrivais même pas à voir jusqu'au fond du magasin. En me collant contre la vitre et en écarquillant[6] les yeux, j'ai quand même fini par apercevoir deux ou trois perroquets. Impossible de savoir s'ils étaient de la même couleur que celui de la pauvre Violet, mais en tout cas c'étaient bien des perroquets. Seulement la boutique était fermée et je ne savais pas trop quoi faire.

Je n'ai pas eu besoin de réfléchir longtemps, parce qu'à ce moment-là une voix s'est mise à hurler dans mon oreille droite, une espèce de croassement[7] qui m'a fait sauter en l'air.

– Qu'est-ce que tu veux, gamin ? Tu viens pour la place ?

Sans réfléchir j'ai répondu « oui », puis je me suis retourné et je me suis trouvé face à quelque chose qui ressemblait à un énorme bison. En fait c'était un homme, mais il était plus large que haut, tout bossu, engoncé[8] dans plusieurs épaisseurs de vêtements sans

? À votre Avis

Pourquoi Wiggins cherche-t-il vers Lower Thames Street ?

- ❑ L'homme à la jambe de bois habitait tout près.
- ❑ Toutes les boutiques d'empailleurs sont dans ce quartier.
- ❑ C'est le quartier dans lequel il vend des journaux.

1. De forme irrégulière.
2. Sucre en poudre très fine.
3. Personnes qui préparent les animaux morts pour la conservation.
4. En français : *Poils et plumes, Ferguson et Cie*.
5. Voir encadré, p. 20.
6. Ouvrant grand.
7. Cri du corbeau.
8. Enveloppé.

couleur, et ses yeux brillaient comme ceux d'une bête sauvage. J'ai failli partir sans demander mon reste, mais à ce moment-là j'ai pensé au feu dans la cheminée de M. Sherlock Holmes, je me suis représenté en train d'annoncer au grand détective que j'avais trouvé l'assassin de Violet Juniper, et je suis resté.

Le bison a sorti des clés et a mis plusieurs minutes à ouvrir la porte, pendant que je tremblais de froid. Peut-être aussi un peu de peur, parce que cela me rappelait les contes que maman me racontait quand j'étais petit. J'avais l'impression que, dès que je serais entré dans la boutique, une trappe s'ouvrirait et que je tomberais dans un cachot où je passerais le reste de mes jours à me battre contre une armée de rats.

J'étais furieux, aussi, contre M. Sherlock Holmes. J'étais sûr qu'il n'avait jamais eu à subir des épreuves pareilles, lui. Bien sûr, il n'était pas le fils d'un marin naufragé et d'une marchande de poissons ! J'étais tellement en colère que ça m'a fait oublier ma peur.

Après avoir enfin réussi à ouvrir la porte, le bison m'a poussé vers une petite chaise et est resté planté debout au-dessus de moi, à m'observer sans rien dire pendant une éternité. Il se détachait en ombre chinoise sur le mur où tremblait la lumière de la lampe, on aurait vraiment dit un animal préhistorique dans sa grotte. J'ai pris l'air aussi innocent que j'ai pu, mais je repensais à toutes les idées que j'avais échafaudées[9] pendant la journée, et j'étais sûr qu'il allait les lire sur ma figure.

Finalement, il s'est décidé à parler :

– Tu n'as pas l'intention de te jeter dans la Tamise ?

9. Eues.

La Tamise

À Londres, la Tamise, encore large, est sensible à l'influence des marées. À la fin du XIXe siècle, il n'était pas rare de repêcher des cadavres dans ce fleuve. ■

J'ai répondu « non, monsieur » en espérant que toutes ses questions n'allaient pas être aussi stupides. Il s'est mis à grommeler des paroles incompréhensibles, puis s'est lancé dans un discours qui n'en finissait pas. Le garçon précédent n'était pas venu pendant une semaine et lui avait fait perdre beaucoup d'argent, et finalement on l'avait retrouvé noyé dans la Tamise, et comme ce garçon n'avait pas de famille, c'était lui, Ferguson, qui avait dû s'occuper des formalités avec la municipalité. Il n'avait pas envie de passer ses journées à chercher des employés et j'avais intérêt à faire l'affaire.

Il m'a expliqué tout cela en agitant son poing au-dessus de ma tête comme pour faire entrer ses paroles de force dans mon crâne. Puis il m'a soulevé par les épaules aussi facilement que si j'avais été un chaton venant de naître et m'a porté jusqu'à l'arrière-boutique. Il a allumé deux ou trois lampes à pétrole et a commencé à m'expliquer le travail.

L'arrière-boutique était encore plus sinistre que la boutique. Sur des planches accrochées aux murs, des dizaines et des dizaines d'animaux me regardaient, leurs yeux luisant comme s'ils avaient la fièvre. Il y avait des chiens, des écureuils, des souris et des renards, des poissons aux formes bizarres et des oiseaux de toutes les couleurs, serrés les uns contre les autres comme les gardes de la reine en train de défiler. J'étais tellement impressionné que j'ai reculé d'un pas, et alors j'ai senti quelque chose me frôler le dos. C'était un énorme serpent à sonnettes qui rampait derrière moi. J'ai poussé un cri et le bison a ramassé l'animal – qui était empaillé, évidemment – et l'a balancé devant moi en ricanant.

– Il va falloir t'y habituer, mon p'tit gars, si tu veux travailler ici. Et maintenant, je vais te dire ce que tu auras à faire.

Sur un tréteau, il y avait des animaux qui paraissaient encore vivants. Le bison m'a dit :

– Ceux-là sont tout frais ! On ne peut rien en tirer tant qu'ils saignent. Alors il faut commencer par mettre du plâtre là où les balles les ont transpercés, pour aspirer tout le sang. Ce sera une partie de ton travail. Le plâtre, tu iras le chercher là où je te dirai, des sacs de dix livres[1].

Il s'est emparé d'un pigeon et me l'a fourré sous le nez.

– Tu le vois, cet oiseau ? Pas le temps de m'en occuper d'ici plusieurs jours. Alors je lui ai bourré tous les orifices avec du coton, je l'ai vidé et lui ai rempli le ventre de farine pour le maintenir bien frais. Au début, tu te contenteras de regarder comment je m'y prends.

J'avais un peu la nausée[2] et je me suis juré de ne jamais aller au-delà de ce que le bison appelait le « début ». Plutôt vendre des journaux toute ma vie !

Ensuite, il m'a montré une boîte pleine de faux yeux, des peaux qui séchaient et des tas d'horreurs du même genre, et m'a expliqué à quoi servaient les outils. Il y en avait une variété invraisemblable : pinces, ciseaux, limes, tenailles, broches en fer de toutes les tailles, scies, vrilles, pinceaux et j'en passe. Ça sentait une drôle d'odeur dans cette pièce aérée seulement par deux lucarnes, et j'ai cru un moment que j'allais tourner de l'œil[3].

1. Unité de poids anglaise qui équivaut à 453,5 grammes. Dix livres pèsent donc 4,5 kg.
2. Mal au cœur.
3. M'évanouir.

Je commençais à penser qu'il valait mieux dire adieu à mes ambitions de détective plutôt que de passer une minute de plus dans cette horrible caverne. Mais, juste au moment où je m'apprêtais à couper la parole au bison pour lui dire que la place ne m'intéressait plus, mes yeux sont tombés – il y a des expressions qui sont malheureuses, parce que faire tomber ses yeux dans un endroit comme celui-là, c'est plutôt risqué – sur une rangée de superbes perroquets multicolores. Alors, au lieu de refuser la place, je me suis exclamé :

– Qu'ils sont beaux, ces perroquets ! Ils doivent coûter très cher !

Le bison a répondu : « Ça dépend lesquels », et il s'est mis à rire, à rire si fort et si longtemps que j'ai eu l'impression qu'il était devenu fou. Puis tout à coup il m'a regardé avec de petits yeux méfiants, il s'est arrêté de rire et a déclaré :

– Tu auras un souverain[1] par semaine. Tu iras chercher le plâtre et l'étoupe[2], tu t'occuperas des plaies et des orifices, tu tanneras[3] les peaux, tu peindras les becs des oiseaux, tu livreras les commandes et tu feras le ménage. Tu commences demain matin.

Évidemment, c'était un métier plutôt désagréable, c'était mal payé et il fallait que je trouve le soir même un copain pour vendre les journaux à ma place. Mais le bison avait éclaté d'un rire sardonique[4] quand je lui avais dit que ses perroquets devaient valoir cher, et ensuite il m'avait regardé d'un air méfiant. Et ça, c'était plutôt significatif.

1. Monnaie anglaise.
2. Matière fibreuse.
3. Tu prépareras les peaux pour en faire du cuir.
4. Méchant.

→ Lire une image p. 34

I

Le Marché aux poissons de Billingsgate
Peinture de George Elgar (1824-1914)

→ Lire une image p.

Crieur de journaux à Londres
William Nicholson, 1898

II

→ Lire une image p. 56

Affiche du film
réalisé par James Hill,
1965

→ Lire une image p. 71

Saint Martin in the Fields
peinture de William Logsdail, 1888

IV

7

À PARTIR DU LENDEMAIN, ma vie s'est mise à ressembler à un véritable cauchemar. Ce n'est pas que je sois très délicat, mais passer sa vie au milieu de macchabées[5] d'animaux, dans une pièce sombre et sans air, avec une espèce de fou qui passe son temps à parler tout seul…

« Là, mon petit père, tu as la peau dure, mais on va te la tanner[6] un peu et tu verras comme tu seras chic. Avec de beaux yeux en émail, tu seras le dandy[7] de la boutique ! »

Non, ça n'était pas une vie. Mais je ne perdais pas mon temps. Dès le premier soir, j'ai appris par une voisine que mon prédécesseur s'était fait renvoyer parce que le patron l'avait trouvé en pleine nuit dans l'atelier.

– Pauv' p'tit gars ! s'est lamentée la voisine. Ferguson a toujours une petite réserve de pain et de haddock[8] dans un placard. Le p'tit gars a eu faim, c'est tout ! Il est passé par une lucarne… Pouvait pas s'douter que Ferguson allait venir travailler à c't'heure ! Quand il a entendu arriver le patron, il s'est caché. Mais le patron est resté, resté, et le p'tit a fini par éternuer. Salopard de Ferguson ! Je l'ai entendu crier après le pauv' garçon, une vraie furie ! Il lui reprochait des tas de choses. Des

5. Cadavres.
6. Préparer pour en faire du cuir.
7. Personnage élégant.
8. Morue fumée.

erreurs dans les livraisons, du retard quand il faisait les courses… Finalement, le pauv' gars est allé se jeter dans la Tamise. On l'a retrouvé huit jours après. Si tu veux mon avis, mon garçon, reste pas là. Un homme qui passe sa vie à empailler de pauv' bêtes qu'ont rien demandé à personne peut pas être tout à fait normal.

Cette voisine-là, je l'aurais embrassée si j'avais osé. Elle m'en avait dit assez pour que je sois sûr, maintenant, que mon hypothèse était la bonne.

Il ne me restait plus qu'à me montrer plus habile que le « pauv' p'tit gars » qui s'était noyé. Ou, plutôt, que Ferguson avait poussé dans le fleuve. Parce que ça ne faisait pas l'ombre d'un doute. C'était cet empaillé de bison qui avait « suicidé » son employé.

L'ennui, c'était que je ne pouvais pas savoir quand Ferguson viendrait « travailler » en douce[1] dans l'atelier. J'ai donc commencé par passer trois nuits de suite à grelotter pour rien derrière le rayon des chiens de chasse. Cela m'a tout de même permis de trouver la méthode la plus sûre pour m'introduire dans l'atelier.

Avec la neige qui recouvrait tout, il n'était pas question de passer par la lucarne : Ferguson aurait vu des traces de pas dans la cour. Mais, à chaque fois que le patron s'absentait pour aller boire au pub[2], j'en profitais pour explorer les lieux. C'est comme ça que j'ai découvert que le soupirail[3] de la cave débouchait sur une étroite langue de terrain donnant directement sur la Tamise, qui n'était recouverte d'eau qu'à marée haute. C'était d'ailleurs sans doute par là que Ferguson avait jeté le corps du « pauv' gars »… et qu'il jetterait

? À votre Avis

Qu'est-il arrivé au jeune apprenti de Ferguson ?

- ❑ Il s'est noyé par accident.
- ❑ Il s'est suicidé.
- ❑ Il a été poussé dans la Tamise.

1. Secrètement.
2. Établissement où l'on sert des boissons alcoolisées, en Grande-Bretagne.
3. Petite fenêtre dans un sous-sol.

le mien s'il me surprenait en train de me mêler de ses affaires...

Donc, après trois nuits blanches, j'étais assez découragé. M. Sherlock Holmes devait être furieux de ne pas avoir de mes nouvelles, il s'imaginait sans doute que j'avais été incapable de retrouver l'homme à la jambe de bois. Il fallait absolument que je retourne le voir avec des indices vraiment sérieux, à défaut du nom[4] de l'assassin.

C'est le quatrième jour que tout s'est précipité. J'étais en train de bourrer de coton la gueule d'un malheureux élan[5] lorsque la clochette a retenti : quelqu'un entrait dans la boutique. J'ai tout de suite vu à la tête du bison que c'était spécial. D'ailleurs, depuis le matin, il n'avait pas cessé de regarder vers la porte.

Donc, dès qu'il a entendu la clochette, Ferguson s'est précipité dans la boutique en fermant derrière lui la porte de l'atelier. Évidemment, je suis allé coller mon œil contre le trou de la serrure. Mais le visiteur faisait les cent pas et je n'arrivais pas à le voir. Les deux hommes parlaient à voix basse. J'ai juste entendu Ferguson ouvrir le coffre où il laissait toujours un peu d'argent et le refermer à clé. Puis l'homme est parti. Quand Ferguson est revenu dans l'atelier, il m'a trouvé en train de siffloter, consciencieusement penché sur la gueule de l'élan. Pas si bête !

D'habitude, il laissait le feu s'éteindre dès quatre heures de l'après-midi pour faire des économies. Ce jour-là, il l'a entretenu beaucoup plus tard en répétant toutes les cinq minutes qu'il se sentait grippé. C'est sûr

4. Si je ne pouvais pas donner le nom.

5. Cerf des pays du Nord.

que, s'il voulait revenir « travailler » la nuit suivante, il valait mieux qu'il ne fasse pas trop froid !

On est donc partis ensemble. Ferguson s'est arrêté au pub de la Couronne et moi je suis allé dîner avec maman. Mais une demi-heure plus tard je l'ai laissée à ses chaises en lui disant que j'avais à faire. Elle a eu l'air tout inquiète de me voir repartir dans le froid.

Parce que depuis plusieurs jours la tempête de neige ne s'était pas calmée. Je trouve Whitechapel beaucoup plus beau sous la neige, parce qu'on voit moins la crasse des rues et des maisons. Le hic[1], c'est que plus personne ne s'attarde dehors, à part quelques chats rachitiques[2] et de pauvres filles qui traînent comme des âmes en peine. Il n'y a que près des pubs que c'est un peu plus animé, mais, depuis qu'un marin ivre mort m'a assommé pour me voler mes chaussures trouées, je préfère me tenir à distance !

Tout ça pour dire que, ce soir-là, j'ai marché très vite en transformant ma tête en girouette pour surveiller à la fois devant, derrière, à gauche et à droite. Sans compter que je n'étais pas trop fier, quand je pensais à ce qui m'attendait dans l'atelier si je me faisais pincer[3] par Ferguson. Je crois même que j'ai prié saint Sherlock de me venir en aide.

1. Problème.
2. Très maigres.
3. Attraper.

pause lecture 2

questions sur les chapitres 4 à 7

La recherche de l'assassin

Premières informations

- Qui la mère de Wiggins doit-elle trouver ?
- Sur qui Wiggins décide-t-il de prendre des informations ? Où va-t-il ?
- Qui est Loulou ? VOIR ? PAGE 39

1 Des renseignements sur la victime

- Qui aide Wiggins dans son enquête sur Violet Juniper ? Quelle est sa principale caractéristique ?
- Qu'apprend Wiggins sur la victime ? Quelle est la seule information vraiment intéressante ?
- Qui a déjà enquêté sur Violet Juniper ? Quel est l'avantage de Wiggins sur eux ?

2 Un indice : Loulou

- Quelles sont les deux hypothèses que fait Wiggins sur l'identité de Loulou ? Pourquoi est-il très déçu ?
- Pourquoi Wiggins quitte-t-il Madame Kelly de façon très brutale ?

À la recherche des suspects

- Qui est l'homme à la jambe de bois ?
- Pour continuer son enquête, que cherche Wiggins ?
- Pourquoi Wiggins cherche-t-il un empailleur dans les environs de Lower Thames Street ? VOIR ? PAGE 44

1 L'homme à la jambe de bois

- Pourquoi l'homme à la jambe de bois se cachait-il pour rendre visite à Violet Juniper ?
- Que lui est-il arrivé ? Pourquoi ?
- Qu'en conclut Wiggins ? Quel élément troublant attire l'attention du jeune détective à la fin du chapitre 5 ?

2 L'empailleur

- Combien Wiggins trouve-t-il d'empailleurs près de Lower Thames Street ? Pourquoi s'arrête-t-il spécialement devant la boutique de Ferguson ?
- Que ressent Wiggins en entrant dans ce magasin ? Quelle impression lui fait M. Ferguson ? À quel animal l'assimile-t-il ?
- Que lui propose Ferguson ? Cette activité plaît-elle à Wiggins ? Pourquoi décide-t-il de rester ?

Des soupçons de plus en plus précis

- Pourquoi M. Ferguson a-t-il besoin d'engager un employé ?
- L'apprenti de Ferguson s'est-il vraiment jeté dans la Tamise ?
VOIR ? PAGE 50
- Wiggins voit-il le visiteur mystérieux qui entre dans la boutique ?

1 Une mort mystérieuse

- Au chapitre précédent, qu'avait dit M. Ferguson sur la mort de son employé ? Quelle information nouvelle la voisine donne-t-elle à Wiggins ?
- Que conclut Wiggins ? Pourquoi l'employé est-il mort ?
- Que fait Wiggins pendant trois nuits ? Pourquoi ?

2 Un visiteur mystérieux

- Qu'est-ce qui prouve que M. Ferguson attend une visite ?
- Montrez que M. Ferguson et son visiteur sont méfiants.
- Quelles sont les réactions de Ferguson après le départ du visiteur mystérieux ? Pourquoi ?
- Que décide de faire Wiggins à la fin du chapitre 7 ? Quels sentiments éprouve-t-il ?

Du texte à l'image

Observez l'affiche → voir dossier images p. III

- Qui est Jack l'Éventreur ?
- Quel personnage du roman a peur de Jack l'Éventreur ?
- Quels vêtements porte Sherlock Holmes ?
- À quoi voit-on qu'il s'agit d'une affiche de film ?

Affiche du film *Sherlock Holmes contre Jack l'Éventreur*, 1965.

À vous de ***jouer !***

Écrivez une description

Wiggins décrit aux Irréguliers de Baker Street la boutique et son propriétaire. Il précise ses impressions et évoque son travail.

Imaginez un récit oral

Wiggins décide d'aller voir Sherlock Holmes et de lui faire part de ses soupçons. Racontez.

Jouez une scène

La mère de Wiggins met son fils en garde contre les dangers qu'il court à sortir la nuit et à se rendre chez Ferguson. → *Jouez la scène.*

8

QUAND JE SUIS ARRIVÉ devant la boutique, il n'y avait pas la moindre lumière. Le patron était encore en train de dîner. J'ai donc fait le tour du pâté de maisons, j'ai gagné les bords de la Tamise un peu plus loin et je suis passé par le soupirail de la cave.

Puis je suis monté dans l'atelier. Je n'ai même pas osé allumer la chandelle que j'avais apportée tellement j'avais peur de me faire repérer. Grâce à la neige qui brillait sous la lune, j'y voyais bien assez clair. Je me suis installé dans ma cachette habituelle, c'est-à-dire l'armoire où on range tout ce qui sert à bourrer[1] les animaux. Elle est grande, et même si Ferguson l'ouvrait il ne pourrait pas me voir, caché derrière les monceaux d'étoupe[2].

N'empêche : quand j'ai entendu tourner la clé dans la serrure, j'ai senti comme une sueur glacée qui dégoulinait dans mon dos et j'ai bien cru que j'allais éternuer.

Bien sûr, j'avais laissé la porte de l'armoire entrouverte. Je n'avais qu'à tendre un peu le cou pour surveiller l'endroit où Ferguson s'installait habituellement pour l'opération finale : le bourrage des peaux.

Il s'est tout de suite mis au travail. Il était très bizarre, on aurait dit quelqu'un d'autre. Alors que, dans la

1. Pour empailler un animal, on le vide de sa chair et de ses os et on remplit la peau avec de l'étoupe afin de reconstituer la forme de l'animal.
2. Amas de vieux tissus et cordages.

journée, il avait toujours l'air sinistre et ne parlait qu'à ses macchabées, ce soir-là il semblait tout gai. Il arrivait presque à sautiller, malgré sa corpulence, lorsqu'il allait chercher un outil, et il ne cessait de chantonner la vieille chanson écossaise du condamné à mort :

Et maintenant, j'vas aller en enfer
Et maintenant, j'vas aller en enfer
Mais quelle sacrée rigolade
Si vous y allez tous aussi !

Il a bourré consciencieusement un perroquet. Quant ça a été fait, il est allé dans la boutique, je l'ai entendu ouvrir puis refermer le coffre. Il est revenu dans l'atelier, toujours chantonnant, et tout à coup il s'est mis à danser. Enfin, danser, c'est une façon de parler, disons plutôt qu'il tournait lourdement sur lui-même en brandissant son poing fermé… Puis il s'est à nouveau occupé du perroquet. Il a recousu la peau, placé les ailes, mis les faux yeux, et enveloppé l'animal dans des bandelettes de gaze[1]. Il a déposé l'oiseau dans une boîte en carton sur laquelle il a écrit un nom et une adresse, et la boîte est allée rejoindre sur le rayon le plus haut celles que je devais aller livrer dans la semaine. Ensuite, il a ouvert le placard à l'autre bout de l'atelier et a bu une grande rasade de sherry[2], après quoi il est enfin reparti, plus silencieux qu'un fantôme. Mais un fantôme aussi gras, je suis sûr que même la sœur de maman qui habite en Écosse[3] n'en a jamais vu !

Maintenant, j'avais intérêt à me dépêcher. Il était trois heures du matin et j'en avais bien pour une heure

La chanson de Ferguson

Chanson qu'un Écossais chantait dans un pub de Londres en 1850. Habillé en ramoneur, il jouait le rôle d'un condamné à mort attendant l'heure de son exécution. ■

1. Tissu de coton.
2. Vin blanc.
3. Les châteaux écossais ont la réputation d'abriter de nombreux fantômes.

à courir à Baker Street. Le temps de réveiller M. Sherlock Holmes, de tout lui expliquer… Il faudrait ensuite qu'il prévienne Scotland Yard[4], parce qu'il ne pouvait tout de même pas arrêter Ferguson comme ça, sans autorisation officielle.

Bien sûr, tant que le perroquet était sur l'étagère, ça pouvait peut-être attendre. Mais maintenant que j'étais certain de la culpabilité de mon patron, je ne me voyais pas travailler une journée de plus à côté de lui. J'avais trop peur qu'il devine que je l'avais démasqué et qu'il me jette dans la Tamise.

4. Siège de la police londonienne.

9

? À votre Avis

Pourquoi Wiggins ne peut-il pas sortir de la cave ?

- ❑ Il est blessé.
- ❑ La Tamise a monté.
- ❑ Ferguson l'a attaché.

JE SUIS DONC REDESCENDU à la cave, tout excité... pour m'apercevoir qu'entre-temps la Tamise avait monté.

Les eaux noires arrivaient presque au ras du soupirail et, en me représentant à quelle hauteur le soupirail se trouvait d'habitude au-dessus du sol, je me suis dit que si je sautais j'aurais de l'eau au moins jusqu'à la taille. Il faut dire que je ne suis pas très grand, forcément, j'ai été tellement mal nourri ! J'ai laissé pendre mon bras : l'eau était glaciale. Je me voyais très mal parcourir deux cents mètres là-dedans, j'étais sûr d'attraper une pneumonie. Peut-être même que je m'évanouirais et qu'on retrouverait mon corps dans quelques jours, comme celui du pauv' p'tit gars...

Alors je suis remonté dans l'atelier. Il valait mieux passer par la lucarne. Si je faisais assez vite, tout serait réglé avant que Ferguson ne voie mes traces de pas dans la neige en revenant ouvrir la boutique.

Seulement Ferguson était très rusé : depuis l'histoire du pauv' p'tit gars, il avait mis deux gros cadenas aux lucarnes. Je n'avais plus qu'à aller attendre à la cave que la Tamise redescende. J'ai quand même eu la présence d'esprit de regarder au passage le nom et l'adresse inscrits sur la boîte au perroquet.

J'ai passé la nuit la plus épouvantable de toute ma vie. Il faisait un froid de loup, et j'entendais autour de moi des grattements et des piétinements terrifiants : des rats ! J'ai allumé ma chandelle pour les éloigner, mais elle a vite brûlé et je me suis retrouvé dans l'obscurité. De temps en temps, je sentais des frôlements de petites pattes. Je crois que je me suis mis à pleurer en pensant à maman qui devait être morte d'inquiétude de ne pas me voir revenir.

Finalement, je me suis endormi et j'ai fait des cauchemars. Je me trouvais dans une forêt, poursuivi par un bison aux yeux phosphorescents[1]. J'essayais de courir, mais mes pieds gelés ne me portaient plus et, finalement, je suis monté dans un arbre. Le bison tournait autour du tronc en hurlant des chansons, et à un moment j'ai glissé sur les branches recouvertes de neige et je suis tombé. Alors je me suis réveillé.

Il commençait à faire jour et j'entendais marcher au-dessus de moi : Ferguson avait ouvert la boutique, il devait se demander pourquoi je n'arrivais pas. Il allait commencer à se méfier, peut-être qu'il allait juger plus prudent d'emmener le perroquet ailleurs, et alors tous mes efforts n'auraient servi à rien. Et qu'est-ce que je deviendrais s'il descendait dans la cave ?

Je me suis levé à grand-peine, tout ankylosé[2] par le froid, et j'ai grimpé sur le tonneau qui se trouvait devant le soupirail. La Tamise avait à peine commencé à baisser et j'ai dû attendre encore au moins deux heures.

1. Luisants.
2. Engourdi.

Le jour était complètement levé lorsque j'ai pu enfin sauter. J'avais de l'eau jusqu'aux chevilles, et on aurait dit que j'étais retenu au sol par des cercles de fer. Mais j'ai avancé un pied après l'autre, en serrant les dents pour ne pas crier tellement le froid me faisait mal, et finalement je suis arrivé jusqu'au boyau[1] qui menait dans la rue. Là, j'ai pris mes jambes à mon cou et j'ai couru, couru à me faire éclater le cœur.

En arrivant au 221B Baker Street, j'ai tout juste eu la force de sonner. Quand Mme Hudson m'a ouvert la porte, je me suis évanoui.

Cette fois, j'ai eu droit au cognac sur le canapé de M. Sherlock Holmes. Je n'avais qu'une envie : dormir. Seulement j'étais en mission. J'ai tout raconté : l'homme à la jambe de bois, le perroquet volé, la boutique de l'empailleur, les activités nocturnes de Ferguson, et j'ai eu droit à un second cognac. Je n'aurais jamais cru que ça avait si mauvais goût… Seulement après, je me sentais bien, tellement bien que cette fois je me suis endormi.

1. Passage étroit.

10

Quand je me suis réveillé, il faisait de nouveau nuit. Un feu d'enfer brûlait dans la cheminée et le docteur Watson lisait dans un fauteuil à côté de moi.

Il m'a tout de suite dit :

– J'ai rassuré votre maman, Wiggins, pendant que M. Holmes s'occupait de Ferguson. Vous pouvez rester ici jusqu'à son retour. En attendant, que diriez-vous de saucisses et d'un bon thé bien chaud ?

Il est allé demander à Mme Hudson de nous monter un breakfast. Un quart d'heure plus tard, elle est arrivée avec un plateau qui sentait comme quand on passe devant les grands hôtels, et au même moment on a entendu la porte de la rue s'ouvrir, des pas rapides monter l'escalier, et M. Sherlock Holmes est entré dans la pièce, le nez tout rouge à cause du froid et son macfarlane[2] couvert de neige.

Il s'est avancé vers moi, a serré très fort mes deux mains dans les siennes et m'a déclaré solennellement :

– Wiggins, si un jour comme je le souhaite je quitte Londres pour aller élever des abeilles dans le Sussex, j'espère que vous prendrez ma suite.

J'ai failli fondre en larmes, une fois de plus. De joie, bien sûr ! M. Sherlock Holmes s'est assis et, tout en me regardant manger, il a tout raconté.

Le breakfast

Petit-déjeuner anglais composé généralement d'œufs au bacon, de saucisses, de haricots à la sauce tomate et de toasts accompagnés de thé au lait. ■

2. Manteau sans manche, avec des ouvertures pour passer les bras et un grand rabat en forme de cape.

Grâce à moi, Scotland Yard venait d'arrêter un des plus grands receleurs[1] de Londres. Ferguson, qui avait un passé douteux de cambrioleur, savait qu'on le surveillait. Depuis plusieurs années, il avait donc renoncé à ses activités pour, apparemment « s'acheter une conduite »[2] – c'est l'expression qu'a employée M. Sherlock Holmes, mais je ne sais pas trop ce que ça veut dire.

On pouvait toujours le surveiller : il quittait son domicile pour aller travailler à la boutique et revenait le soir chez lui en s'arrêtant au pub, et il avait choisi exprès un pub où il ne se passait rien de malhonnête – il avait dû avoir du mal à le trouver, celui-là !

Alors Scotland Yard avait fini par le laisser tranquille. Mais en réalité, le bison avait imaginé un moyen facile et sûr de s'enrichir.

Quand quelqu'un avait volé un bijou de grande valeur, le plus difficile pour lui était de le vendre sans se faire repérer. Il apportait donc le bijou à Ferguson. Et Ferguson, sans avoir à s'écarter de son itinéraire habituel, donc sans éveiller les soupçons, revendait le bijou à un collectionneur. Il lui suffisait de dissimuler la pierre dans le corps d'un animal empaillé, et de faire porter ledit animal par son employé à l'adresse indiquée. Il était payé sur un compte en banque qu'il s'était fait ouvrir sous un faux nom.

Seulement, un jour, l'employé du bison s'était trompé. Il avait livré un perroquet lesté[3] d'une pierre à l'homme à la jambe de bois – qui l'avait offert à sa fille –, et un perroquet ordinaire à l'acheteur intéressé par le bijou.

? À votre Avis

Pourquoi Ferguson est-il devenu empailleur ?

- ❑ Il aime les animaux.
- ❑ Il peut ainsi cacher ses activités malhonnêtes.
- ❑ Il gagne mieux sa vie.

1. Personnes qui cachent des objets volés ou en font le commerce.
2. Paraître honnête.
3. Alourdi.

Quand Ferguson s'en était aperçu, il avait été catastrophé. La colère lui avait peut-être fait dire des choses qu'il n'aurait pas dû dire… Bref, il avait préféré pousser son employé dans la Tamise pour l'empêcher de le trahir.

Puis il était allé chez l'homme à la jambe de bois pour savoir où était passé le perroquet, et s'était ensuite rendu chez Violet Juniper pour échanger le précieux perroquet contre un ordinaire.

Est-ce que Violet Juniper avait deviné quelque chose ? Sans doute, puisque le bison avait été obligé de l'étrangler… Et puis l'homme à la jambe de bois, en apprenant la mort de sa fille, avait fait le rapprochement avec l'empailleur… Et il était mort à son tour, et tout le monde avait cru qu'il s'était suicidé parce qu'il était désespéré d'avoir perdu sa fille.

Tout ça, bien sûr, je l'avais deviné, en tout cas en partie. Quand j'avais expliqué ma salade[4] à M. Sherlock Holmes, il s'était rendu à la boutique de Ferguson : elle était fermée ! Ce qui voulait dire que le bison avait trouvé mon absence un peu louche, et qu'il avait jugé plus prudent de se débarrasser tout de suite du perroquet au ventre en pierre précieuse. Heureusement que j'avais dit à M. Sherlock Holmes à quelle adresse il devait être livré !

Le détective, accompagné de l'inspecteur Lestrade, était allé faire le guet à l'adresse de la livraison. Ils avaient vu le bison arriver comme une fleur[5] avec son perroquet, et ils n'avaient eu qu'à le cueillir[6].

4. Mon histoire.
5. Sans se douter de rien.
6. L'arrêter.

Dans le ventre du perroquet, il y avait une escarboucle qui valait vingt mille livres – une escarboucle, m'a expliqué le docteur Watson, c'est une pierre précieuse de couleur grenat[1].

Espérant sans doute échapper à la potence[2], le bison avait parlé, il avait donné les noms des gens qui lui apportaient régulièrement des bijoux volés. Mais il avait tout de même trois morts sur la conscience, et M. Sherlock Holmes était convaincu qu'il serait pendu.

La potence

Au XIXe siècle, la peine de mort était appliquée en Angleterre. Si la France avait adopté la guillotine, le Royaume-Uni continuait à condamner les criminels à la pendaison. ■

1. Rouge sombre.
2. Pendaison.

11

M. Sherlock Holmes m'a largement récompensé. Il a été tellement généreux que maman a décidé de laisser tomber les chaises.

J'ai pu lui acheter toute une garde-robe. Avec son chapeau à bride et son manteau de drap vert foncé, elle a tellement d'allure qu'elle a réussi à trouver une place d'aide-cuisinière dans un hôtel particulier de Mayfair[3]. Elle y habite avec les autres domestiques. Une vraie vie de château, même si elle travaille énormément.

Moi, je suis resté dans notre petite chambre – provisoirement. Pour les enquêtes que me confie M. Sherlock Holmes, il vaut mieux que je vive dans ce quartier où il se passe tant de choses. Plus tard, bien sûr, quand j'aurai ma clientèle, je changerai de quartier.

Je suis retourné un jour voir les copines de maman à la poissonnerie. Le patron à face de pudding n'était plus là : il s'est fait arrêter pour une histoire de vol de bijoux, m'ont-elles dit. Je pense qu'il était de mèche avec Ferguson et je trouve ça plutôt amusant. D'ailleurs, j'aurais dû m'en douter : ils avaient les mêmes yeux. Des yeux malhonnêtes.

C'est rassurant de penser qu'il y a tout de même une justice sur terre. Quoique, pour que justice soit vraiment faite, j'aurais bien aimé qu'on empaille le bison après sa mort. Il paraît que ça ne se fait jamais. Dommage !

? À votre Avis

La récompense que Sherlock Holmes accorde à Wiggins est …

- ❑ très généreuse ?
- ❑ correcte ?
- ❑ ridicule ?

3. Quartier chic de Londres.

pause lecture 3

questions sur les chapitres 8 à 11

La résolution de l'énigme

La traque

- Où Wiggins se cache-t-il ?
- Que découvre-t-il ?
- Pourquoi Wiggins ne peut-il pas s'échapper par le soupirail ?

VOIR ? PAGE 60

1 D'étranges activités

- Quelles précautions Wiggins prend-il ? Pourquoi ?
- À quoi Wiggins voit-il que le travail accompli par Ferguson n'est pas ordinaire ? Pour répondre, pensez au comportement de Ferguson.
- « J'étais certain de la culpabilité de mon patron », déclare Wiggins (p. 59). De quoi Ferguson est-il coupable ?

2 Une attente pénible

- Que craint Wiggins si Ferguson le découvre ? Qui a déjà connu un sort identique ?
- Dans quelles conditions Wiggins passe-t-il la nuit ? Qu'éprouve-t-il ?
- Pourquoi peut-il enfin quitter la cave ? Comment se sent-il ?

L'intervention de Sherlock Holmes

- Où va Wiggins dès qu'il peut sortir de la cave de Ferguson ? Pourquoi ?
- Quel est le véritable métier de Ferguson ?

VOIR ? PAGE 64

- Qui Ferguson a-t-il tué ?

1 L'arrestation de Ferguson

- Où Sherlock Holmes est-il allé après avoir entendu le récit de Wiggins ? Pourquoi n'a-t-il pas trouvé Ferguson ?
- Où Ferguson est-il arrêté ? Par qui ?
- Quelle preuve accuse Ferguson ?

2 Le criminel

- Que sait-on du passé de Ferguson ? Pourquoi la police avait-elle cessé de le surveiller ?
- Citez par ordre chronologique les différents meurtres de Ferguson et expliquez pour chacun d'eux pourquoi la victime a été tuée.
- Quelles informations l'empailleur donne-t-il après son arrestation ? Pourquoi agit-il ainsi ? Sera-t-il récompensé ?

Le dénouement

- Comment Sherlock Holmes récompense-t-il Wiggins ?
  VOIR ? PAGE 67
- Comment Wiggins utilise-t-il cette récompense ?
  Qui en profite surtout ?

1 Une vie meilleure

- Quels avantages la mère de Wiggins tire-t-elle de cette aventure ?
- Quel métier commence-t-elle à exercer ? Pourquoi est-il préférable aux activités qu'elle avait auparavant ?

2 Sur les traces de Sherlock Holmes

- Quel jugement Sherlock Holmes porte-t-il sur Wiggins à la fin ? Appuyez votre réponse sur la déclaration qu'il fait (p. 63).
- Que ressent alors Wiggins ?

3 L'espoir

- À quoi voit-on que Wiggins a l'intention de poursuivre ses activités de détective ? Qu'envisage-t-il de faire dans un avenir plus ou moins lointain ?
- Quelles sont les qualités de Wiggins pour réussir dans son entreprise future ?
- Quel est le ton du dernier paragraphe ? Quel effet a-t-il sur le lecteur ?

Du texte à l'image

Observez le tableau → voir dossier images p. IV

- Opposez les deux enfants : vêtements, attitudes, occupations.
- Décrivez les vêtements de la dame, à gauche.
- À quel moment la mère de Wiggins peut-elle porter ce genre de vêtements ? Pourquoi ?

Saint Martin in the Fields, William Logsdail, 1888.

À vous de jouer !

Rédigez une lettre

Sherlock Holmes écrit à Wiggins pour le remercier de son aide. Il évoque le rôle important que le jeune homme a joué dans la résolution de l'énigme et les qualités dont il a fait preuve pendant toute cette aventure.

Écrivez un dialogue

La mère de Wiggins revient voir son fils après sa première semaine de travail chez ses nouveaux patrons à Mayfair. Racontez.

Présentez une opinion

Aimeriez-vous devenir détective ?
Développez oralement des arguments pour justifier votre position.

Questions sur...
Wiggins et le perroquet muet

I. Les lieux et l'époque

1 Dans quelle ville se passe le roman ? Citez les deux lieux les plus importants de l'histoire.

2 À quelle époque se déroule *Wiggins et le perroquet muet* ? Qui règne en Angleterre ? À quel meurtrier tristement célèbre de cette époque Wiggins fait-il allusion ?

II. La vie en Angleterre

3 Dans quelles conditions matérielles vivent Wiggins et sa mère ?

4 Montrez que Sherlock Holmes est beaucoup plus riche. Appuyez-vous sur des détails précis.

III. L'intrigue

5 Quelle mission Sherlock Holmes confie-t-il à Wiggins ? Le jeune homme a-t-il l'intention de s'en tenir à ce qui lui a été demandé ? Pourquoi ?

6 Pourquoi Wiggins cherche-t-il à retrouver un empailleur ?

7 Quelle activité illégale pratique Ferguson ?

8 Expliquez pourquoi Ferguson a tué l'employé, Violet Juniper et l'homme à la jambe de bois.

IV. Les personnages

9 Pour qui la situation s'est-elle améliorée après cette aventure ? Qu'est-ce qui a changé ?

10 Quels personnages sont punis ? Pourquoi ?

11 Quels personnages adultes sont repris des romans de Conan Doyle ? Quelles caractéristiques Béatrice Nicodème a-t-elle gardées par rapport aux héros d'origine ?

V. Le langage

12 Qui est le narrateur dans les romans de Conan Doyle ? Dans *Wiggins et le Perroquet muet* ?

13 Dans quel registre de langue s'exprime le narrateur dans le roman que vous venez de lire ? Justifiez votre réponse par un ou deux exemples.

14 Tous les personnages s'expriment-ils de la même façon ? Expliquez. Qu'apportent au récit ces différents registres de langue ?

VI. Jugement

15 Avez-vous aimé ce roman ? Quelle que soit votre réponse, vous devez la justifier.

après la lecture

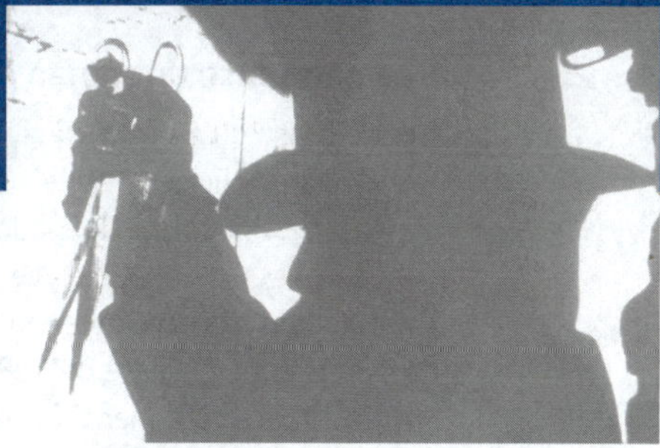

Wiggins et le perroquet muet

- un roman policier
- de Conan Doyle à Béatrice Nicodème

Un roman policier

La naissance du roman policier

■ Ce n'est qu'au XIXe siècle que naît le roman policier avec le développement des villes, de la police et des techniques d'enquête. Le premier roman de Conan Doyle où Sherlock Holmes apparaît date de 1887.

■ Ces récits prennent **la suite des romans-feuilletons** centrés sur le criminel et déplacent l'intérêt vers le policier.

Ses caractéristiques

■ **Une énigme**

Le roman policier met en scène une énigme à résoudre, souvent un ou plusieurs meurtres, comme chez l'écrivain américain Edgar Poe, le grand fondateur du genre. Dans *Wiggins et le perroquet muet*, Ferguson tue trois personnes.

Edgar Poe, le grand fondateur du genre.

■ **Un enquêteur**

L'enquête est menée soit par un **policier officiel**, soit par un **détective privé** ou occasionnel comme Sherlock Holmes. Ce détective résout les énigmes par des méthodes très personnelles fondées sur la déduction. Rouletabille, dans les romans de Gaston Leroux, ou Hercule Poirot dans ceux d'Agatha Christie, lui ressemblent.

■ **Indices et témoins**

L'énigme est présentée au début du roman. **Le récit suit le déroulement de l'enquête :** rencontres de témoins, recherches d'indices qui aident à élucider le mystère. Ainsi le meurtre de Violet Juniper est connu dès les premières pages et Wiggins rencontrera des personnes qui lui fourniront des informations précieuses.

■ **Le lecteur**

Dans un roman policier, **le lecteur participe activement** à la recherche du meurtrier. Il cherche à comprendre et devient un double de l'enquêteur. C'est pourquoi les renseignements donnés par l'auteur doivent être assez clairs, mais pas trop non plus, pour laisser le suspense s'installer. Dans *Wiggins et le perroquet muet*, le lecteur s'identifie au jeune héros et tremble avec lui face aux dangers. S'il soupçonne l'identité du meurtrier, il ne connaît pas le sort réservé à Wiggins.

■ **L'atmosphère**

Béatrice Nicodème a créé une **atmosphère un peu sombre** qui reflète la vie à Londres au XIXe siècle. Elle montre bien les différences entre le 221B Baker Street, à l'ouest de la ville, quartier bourgeois et Whitechapel, à l'est, quartier pauvre, sale et moins sûr.

L'évolution du roman policier

■ **Au XXe siècle,** le roman policier se transforme parfois **en roman noir** américain qui décrit des bandes de gangsters ou des situations révèlant une grande misère sociale. Les auteurs les plus célèbres sont : Chester Himes, Dashiell Hammett, William Irish.

■ En France, Didier Daeninckx, par exemple, associe intrigues policières et événements récents. Il donne ainsi une nouvelle dimension à cette littérature longtemps considérée comme mineure.

Une littérature longtemps considérée comme mineure.

Des auteurs comme Simenon, Boileau-Narcejac, Mary Higgins-Clark écrivent des romans d'atmosphère, où l'enquête est surtout un prétexte pour analyser la psychologie des personnages.

■ Béatrice Nicodème choisit, elle, de faire revivre avec un certain humour un personnage apparu dans les deux premiers romans de Conan Doyle : Wiggins. Il devient le narrateur de l'histoire, à la place du fidèle Watson et il élucide pratiquement tout seul les énigmes.

Partez avec lui pour de nouvelles enquêtes en lisant d'autres romans de Béatrice Nicodème ! ■

De Conan Doyle à Béatrice Nicodème

Wiggins dans les romans de Conan Doyle

Le jeune garçon des rues apparaît seulement dans les deux premiers romans de C. Doyle : *Une étude en rouge* et *Le Signe des quatre*. Son rôle est très secondaire car Sherlock Holmes ne fait que rarement appel à sa bande, les Irréguliers de Baker Street. Il leur demande de mener des recherches dans des lieux où la présence d'enfants sera moins remarquée que la sienne.

Son rôle est secondaire, l'enquête est dirigée par le détective.

Béatrice Nicodème place au contraire Wiggins au centre de ses romans car c'est lui qui mène les recherches et démasque le coupable.

Sherlock Holmes dans les romans de Conan Doyle

■ Sa première apparition

Le célèbre détective « naît » en **1887** dans *Une étude en rouge*. Dans le même roman, apparaît aussi Watson, médecin, qui raconte les aventures de son ami.

■ Ses connaissances

Dès le début d'*Une étude en rouge*, Conan Doyle, par l'intermédiaire de Watson, établit une liste des connaissances étonnantes du détective :

1. Connaissances en littérature : nulles.

2. Connaissances en philosophie : nulles. [...]

4. Connaissances en politique : faibles.

5. Connaissances en botanique : inégales. Calé sur la belladone, l'opium, et les poisons en général. Ne connaît rien au jardinage.

6. Connaissances en géologie : pratiques, mais limitées. Sait reconnaître en un seul coup d'œil différentes espèces de sols. Après des balades à pied, il m'a montré des éclaboussures sur mon pan-

talon, et il fut en mesure de dire par leur couleur et leur consistance de quel quartier de Londres elles provenaient.

7. Connaissances en chimie : approfondies. […]

10. Joue bien du violon.

11. Est expert à la canne, à la boxe et en escrime.

12. A une bonne connaissance pratique du droit anglais.

Une étude en rouge, Omnibus,
traduit de l'anglais par Eric Wittersheim, 2005.

Sa méthode

Elle repose sur **la déduction et l'analyse**, associées à une **observation** très minutieuse des moindres détails, qui deviennent alors des indices menant à la vérité. Sherlock Holmes est souvent représenté avec une loupe, à genoux sur le sol.

Sa disparition

Lassé de raconter les aventures de ce personnage, Conan Doyle décide de le faire disparaître dans *Le Dernier Problème*, en **1892**. Mais les lecteurs protestent, écrivent des milliers de lettres à l'auteur et à l'éditeur. Conan Doyle est obligé de céder et reprend le récit des exploits du détective. Il abandonne définitivement son personnage, devenu très encombrant, en 1927 et meurt trois ans après.

Déduction, analyse, observation.

Sa postérité

Dans le monde entier, il existe des associations des amis de Sherlock Holmes. Leurs membres aiment beaucoup se déguiser avec les accessoires du célèbre détective : son manteau macfarlane, sa pipe, sa loupe…

Conan Doyle a inventé l'appartement de Sherlock Holmes, mais le 221B Baker Street est une adresse qui existe dans Londres. La maison est devenue un **musée** où le salon de Sherlock Holmes, sa chambre et celle de Watson ont été reconstitués d'après les descriptions des romans. La fiction rejoint ainsi la réalité… ■

Le Palais de Westminster, George Vicat Cole, 1892.

autre lecture

Conan Doyle

L'Escarboucle bleue

traduit de l'anglais par Eric Wittersheim

1891

texte intégral

Une nouvelle de Conan Doyle
où Sherlock Holmes résout
une autre énigme qui associe
diamants et volatiles.

Qui est l'auteur ?

Conan Doyle (1859-1930)

Il crée le personnage de Sherlock Holmes en 1887 dans *Une étude en rouge*.

Après avoir publié une dizaine de romans ou de recueils de nouvelles où apparaît le détective, il met fin à ses aventures en 1927.

J'ÉTAIS VENU RENDRE VISITE À MON AMI Sherlock Holmes le surlendemain de Noël, avec l'intention de lui présenter ce matin-là les souhaits de saison[1]. Il paressait sur le canapé, vêtu d'une robe de chambre pourpre, un râtelier[2] à pipes à proximité sur sa droite, et une pile de journaux du matin froissés, qui venaient visiblement d'être étudiés, à portée de main. À côté du divan se trouvait une chaise en bois, et à l'angle du dossier était suspendu un chapeau melon[3] de feutre[4] râpé et miteux[5], très usé et craquelé en plusieurs endroits. Une loupe et un forceps[6] posés sur le siège semblaient indiquer que le chapeau avait été placé de la sorte pour être examiné.

– Vous êtes occupé, dis-je. Peut-être que je vous interromps.

– Pas du tout. Je suis heureux d'avoir un ami avec qui discuter de mes résultats. Le problème est particulièrement banal (il pointa son pouce en direction du chapeau) mais certains détails qui y sont associés ne sont pas entièrement dépourvus d'intérêt, et s'avèrent[7] même instructifs.

Je m'assis dans son fauteuil et me chauffai les mains devant le feu qui crépitait, car il s'était mis à geler à pierre fendre[8], et les fenêtres étaient couvertes de cristaux de glace.

– Je suppose, observai-je, qu'avec l'air peu engageant[9] qu'elle a, cette chose est liée à une histoire terrible, et qu'elle

1. Bonne année.
2. Présentoir.
3. Chapeau de forme ronde et bombée.
4. Étoffe.
5. Usé.
6. Une pince.
7. Se révèlent
8. Très fort.
9. Agréable.

est l'indice qui vous mènera à la solution de quelque mystère et au châtiment d'un crime.

– Non, non. Pas de crime, dit Sherlock Holmes en riant. Juste l'un de ces petits incidents étranges qui surviennent lorsque quatre millions d'êtres humains[1] se bousculent dans un espace de quelques kilomètres carrés. Parmi les actions et les réactions d'un grouillement[2] humain aussi dense, on peut s'attendre à ce que surviennent toutes les combinaisons possibles d'événements, et de nombreux petits problèmes potentiellement étonnants et bizarres sans être délictueux[3] peuvent se présenter. Nous en avons déjà rencontré de tels.

– À tel point, remarquai-je, que sur les six dernières affaires que j'ai ajoutées à mes notes, trois étaient entièrement dénuées[4] de tout crime à caractère judiciaire.

– Tout à fait. Vous faites allusion à ma tentative pour récupérer les documents d'Irene Adler, au cas singulier de Mlle Mary Sutherland, et à l'aventure de l'homme à la lèvre tordue. Et je n'ai aucun doute sur le fait que ce petit problème échouera dans la même innocente catégorie. Vous connaissez Peterson, le commissionnaire[5] ?

– Oui.

– C'est à lui que ce trophée[6] appartient.

– C'est son chapeau ?

– Non, non. Il l'a trouvé. Son propriétaire est inconnu. Je vous prie de l'examiner, non comme un vieux melon cabossé, mais comme un problème intellectuel. Et, en premier lieu, la manière dont il a atterri ici. Il est arrivé le matin du jour de Noël, en compagnie d'une bonne oie bien grasse qui est, j'en suis sûr, en train de rôtir devant la cheminée de Peterson. Voici les faits : vers quatre heures du

1. C'est à peu près la population de Londres à cette époque.
2. Fourmillement.
3. Répréhensibles par la loi.
4. Dépourvues.
5. Personne chargée d'une commission.
6. Cet objet précieux.

matin le jour de Noël, Peterson, qui, comme vous le savez, est un type très honnête, revenait de quelque petite réjouissance et marchait en direction de chez lui le long de Tottenham Court Road. Il aperçut en face de lui, à la lumière d'un bec de *gaz*[7], un homme grand, qui marchait en titubant[8] légèrement et qui portait une oie blanche sur l'épaule.

En arrivant à l'angle de Goodge Street, une dispute éclata entre cet inconnu et un petit groupe de voyous. L'un d'entre eux fit tomber le chapeau de l'homme, sur quoi l'homme leva sa canne pour se défendre et, en la balançant au-dessus de sa tête, fracassa la vitre du magasin qui se trouvait derrière lui. Peterson s'était rué[9] pour protéger l'inconnu de ses assaillants, mais l'homme, horrifié d'avoir cassé la vitre et découvrant quelqu'un en uniforme et d'aspect officiel, lâcha son oie, se sauva et disparut dans le labyrinthe des petites rues qui se trouvent à l'arrière de Tottenham Court Road. Les voyous s'étaient également envolés en voyant Peterson, et il fut donc laissé en possession du champ de bataille et des trophées de la victoire, sous la forme de ce chapeau cabossé et d'une oie absolument irréprochable.

– Qu'il a certainement rendus à leur propriétaire ?

– Mon cher ami, c'est là que réside le problème. Il est vrai qu'il était écrit « Pour Mme Henry Baker » sur une petite carte attachée à la patte gauche de l'oiseau, et il est également vrai qu'on peut lire les initiales « H. B. » sur la doublure de ce chapeau ; mais, comme il y a dans notre bonne ville quelques milliers de Baker et quelques centaines de Henry Baker, il n'est pas aisé de restituer un objet égaré à l'un d'entre eux.

– Et qu'a fait Peterson en fin de compte ?

7. Réverbère, éclairage dans la rue.
8. Chancelant.
9. Précipité.

– Il m'a directement apporté le chapeau et l'oie le matin du jour de Noël, sachant que même les plus petits problèmes m'intéressent. Nous avons gardé l'oie jusqu'à ce matin, où elle a commencé à présenter des signes indiquant qu'en dépit du léger gel il serait bien qu'elle soit mangée sans tarder. Celui qui l'a découverte l'a par conséquent emportée pour accomplir l'inéluctable[1] destin d'une oie, tandis que j'ai conservé le chapeau de l'inconnu qui a perdu son repas de Noël.

– Il n'a pas passé d'annonce ?

– Non.

– Alors, quel indice possédez-vous concernant son identité ?

– Seulement ce que nous pouvons déduire.

– De son chapeau ?

– Exactement.

– Mais vous plaisantez. Que pouvez-vous apprendre de ce vieux feutre cabossé ?

– Voici ma loupe. Vous connaissez mes méthodes. Vous-même, que pouvez-vous apprendre de la personnalité de l'homme qui a porté cet article ?

Je pris l'objet miteux entre mes mains et l'examinai sans enthousiasme. C'était un chapeau noir très ordinaire, de la forme ronde habituelle, rigide et extrêmement usé. La doublure de soie avait été rouge, mais était très décolorée.

Il n'y avait pas de nom de fabricant ; mais, comme Holmes l'avait remarqué, les initiales « H. B. » étaient griffonnées sur un côté. Le bord était percé pour laisser passer une lanière[2], mais l'élastique avait disparu. Pour le reste, il était craquelé, excessivement poussiéreux et souillé[3] en

1. Qu'on ne peut éviter.
2. Étroite bande de cuir.
3. Sali.

plusieurs endroits, bien qu'il semblât avoir subi quelques tentatives pour cacher les taches décolorées en les barbouillant avec de l'encre.

– Je ne vois rien, dis-je en le rendant à mon ami.

– Au contraire, Watson, vous pouvez tout y voir. Vous ne parvenez cependant pas à raisonner à partir de ce que vous voyez. Vous êtes trop timoré[4] dans vos conclusions.

– Alors dites-moi, s'il vous plaît, ce que vous pouvez déduire de ce chapeau.

Il le saisit et le regarda de cette manière étrange et introspective[5] qui lui était propre[6].

– Il est peut-être moins évocateur qu'il ne l'a été, observa-t-il, et pourtant il y a quelques détails qui apparaissent très nettement, et quelques autres qui présentent au moins une bonne dose de probabilité. Que l'homme soit quelqu'un d'éminemment[7] intellectuel apparaît bien évidemment au premier coup d'œil, tout comme le fait qu'il était plutôt à l'aise ces trois dernières années, bien qu'il traverse actuellement une très mauvaise passe. Il était prévoyant, bien qu'il le soit moins dorénavant, ce qui indique une régression[8] morale qui, associée à son revers de fortune[9], semble évoquer quelque influence maligne[10], la boisson probablement, qui agit sur lui. Ceci peut expliquer aussi le fait évident que sa femme a cessé de l'aimer.

– Mon cher Holmes !

– Il a toutefois conservé un certain amour-propre[11], continua-t-il sans prêter attention à ma protestation. C'est un homme qui mène une vie sédentaire[12], sort peu, est totalement hors de forme[13], d'âge moyen, avec des cheveux grisonnants qu'il a fait couper ces derniers jours et qu'il enduit de crème capillaire[14]. Ce sont les faits les

4. Peureux.
5. Réfléchie.
6. Personnelle.
7. Extrêmement.
8. Un retour en arrière.
9. Son malheur.
10. Mauvaise.
11. Fierté.
12. Peu active.
13. En mauvaise condition physique.
14. Pour les cheveux.

plus évidents qui peuvent être déduits de ce chapeau. De même, entre parenthèses, qu'il est fort improbable que le gaz soit installé chez lui.

– Vous plaisantez sans doute, Holmes.

– Pas le moins du monde. Est-il possible que même maintenant que je vous ai communiqué ces résultats, vous ne puissiez pas voir comment ils ont été obtenus ?

– Je sais bien que je suis stupide ; mais je dois avouer que je suis incapable de vous suivre. Par exemple, comment avez-vous réussi à savoir que cet homme était un intellectuel ?

En réponse Holmes enfonça le chapeau sur sa tête. Il passa devant son front et s'arrêta sur l'arête de son nez.

– C'est une question de volume, dit-il. Un homme avec un cerveau aussi gros doit avoir quelque chose dedans.

– Et ses revers de fortune ?

– Ce chapeau a trois ans. Ces bords plats sur le côté sont apparus à cette époque. C'est un chapeau de la meilleure qualité qui soit. Regardez la bande de soie plissée et la doublure d'excellente qualité. Si cet homme a pu s'offrir un chapeau aussi coûteux il y a trois ans, et n'en a pas eu d'autre depuis, alors il est assurément descendu sur l'échelle sociale.

– Bon, c'est assez clair, évidemment. Mais qu'en est-il de la prévoyance, et de la régression morale ?

Sherlock Holmes se mit à rire.

– Voici pour la prévoyance, dit-il en pointant du doigt le petit disque et la boucle de la jugulaire[1]. Ils ne sont jamais vendus avec le chapeau. Si cet homme en a commandé, c'est le signe d'un certain degré de prévoyance, car il a pris soin de prendre cette précaution contre le vent. Mais

1. Cordon qui passe sous le menton pour maintenir le chapeau.

comme nous voyons qu'il a rompu l'élastique et n'a pas pris la peine de le remplacer, il est évident qu'il l'est moins aujourd'hui qu'il ne l'a été, ce qui est la preuve patente[2] d'un tempérament qui se dégrade. D'un autre côté, il a entrepris de dissimuler certaines des taches sur le feutre en les barbouillant d'encre, ce qui montre qu'il n'a pas entièrement perdu toute estime de lui-même.

– Pas de doute, votre raisonnement est plausible[3].

– Les autres points, qu'il est d'âge moyen, que ses cheveux sont grisonnants, qu'il les a récemment fait couper et qu'il utilise de la crème capillaire, peuvent tous être observés par un examen attentif du bas de la doublure. La loupe révèle un grand nombre de cheveux coupés net par les ciseaux du barbier[4]. Ils s'avèrent tous collants, et une odeur de crème capillaire est perceptible. Cette poussière, voyez-vous, n'est pas celle grise et sableuse de la rue, mais la poussière brune et pelucheuse d'une maison, ce qui montre qu'il est resté accroché à l'intérieur la plupart du temps ; tandis que les marques de moisissure sur l'intérieur sont la preuve que celui qui le portait transpirait très facilement, et ne pouvait donc guère être en bonne forme.

– Mais sa femme… vous avez dit qu'elle avait cessé de l'aimer.

– Ce chapeau n'a pas été brossé depuis des semaines. Quand je vous verrai, mon cher Watson, avec une semaine de poussière accumulée sur votre chapeau, et que votre femme vous autorisera à sortir dans un tel état, j'aurai peur que cela ne signifie que vous aussi ayez été assez malchanceux pour perdre l'affection de votre femme.

– Mais il est peut-être célibataire.

2. Évidente.
3. Vraisemblable.
4. Personne qui rase la barbe et coupe les cheveux.

– Non, il ramenait l'oie chez lui en guise de gage de paix auprès de sa femme. Souvenez-vous de la carte à la patte de la volaille.

– Vous avez réponse à tout. Mais comment diable avez-vous déduit que le gaz n'était pas installé dans la maison ?

– Une trace de suif[1] ou même deux peuvent survenir par hasard. Mais quand j'en découvre pas moins de cinq, je pense qu'il ne peut guère y avoir de doute sur le fait que l'individu se trouve fréquemment en contact avec du suif qui brûle : probablement monte-t-il les escaliers la nuit avec son chapeau dans une main et une bougie qui coule dans l'autre. De toute façon, il ne s'est pas taché de suif avec une émanation de gaz. Êtes-vous satisfait ?

– Eh bien, c'est très ingénieux, dis-je en riant. Mais puisque, comme vous venez de le dire, aucun crime n'a été commis, et aucun mal causé en dehors de la perte d'une oie, tout ceci semble plutôt être un gaspillage d'énergie.

Sherlock Holmes avait ouvert la bouche pour répondre, quand la porte s'ouvrit d'un coup et que Peterson déboula dans la pièce avec les joues empourprées[2] et l'expression d'un homme saisi de stupeur.

– L'oie, monsieur Holmes ! L'oie, monsieur ! dit-il, haletant.

– Eh ! qu'est-ce qu'elle a donc ? Est-elle revenue à la vie, pour s'envoler d'un battement d'ailes par la fenêtre de la cuisine ?

Holmes se tourna sur le canapé pour mieux voir le visage tout excité de l'homme.

– Regardez, monsieur ! Regardez ce que ma femme a trouvé dans son jabot[3] !

1. Corps gras utilisé pour fabriquer les bougies bon marché.
2. Très rouges.
3. Poche à la base du cou où séjournent les aliments.

Il étendit le bras et ouvrit la main, découvrant au centre de la paume une pierre bleue qui scintillait vivement, un peu plus petite qu'un haricot, mais d'une pureté et d'un éclat tels qu'elle brillait comme une ampoule électrique dans le sombre creux formé par sa main.

Sherlock Holmes s'assit en sifflant.

– Bon Dieu, Peterson, c'est un véritable trésor ! dit-il. Je suppose que vous savez ce que vous avez là ?

– Un diamant, monsieur ! Une pierre précieuse ! ça coupe le verre comme si c'était du mastic[4].

– C'est plus qu'une pierre précieuse. C'est la pierre précieuse.

– Pas l'Escarboucle[5] bleue de la comtesse de Morcar ? éructai-je.

– Précisément. Je connais sa taille et sa forme, car récemment j'ai lu chaque jour l'annonce publiée à son sujet dans le *Times*. Elle est absolument unique, et sa valeur ne peut être que conjecturée[6], mais la récompense de mille livres offerte ne constitue certainement pas un vingtième de sa valeur sur le marché[7].

– Un millier de livres ! Doux Seigneur !

Le commissionnaire s'effondra dans un fauteuil et nous dévisagea l'un après l'autre.

– C'est le montant de la récompense, et j'ai des raisons de croire qu'il y a en arrière-plan des considérations sentimentales qui inciteraient la comtesse à donner la moitié de sa fortune si elle pouvait retrouver le joyau.

– Il avait été perdu, si je me souviens bien, à l'hôtel Cosmopolitan, observai-je.

– Exactement, le 22 décembre, il y a tout juste cinq jours.

4. Matière molle.
5. Pierre précieuse.
6. Supposée.
7. À la vente.

John Horner, un plombier, fut accusé de l'avoir soustrait de la boîte à bijoux de la dame. Les présomptions[1] contre lui étaient si fortes que le cas a été renvoyé devant les assises[2]. J'ai ici quelques comptes rendus de l'affaire, je crois.

Il fouilla dans ses journaux, jetant un coup d'œil aux dates, jusqu'à ce qu'il finisse par en défroisser un, qu'il plia en deux et dont il lut le paragraphe suivant :

VOL DE BIJOUX A L'HOTEL COSMOPOLITAN

John Horner, vingt-six ans, plombier, a été arrêté, accusé d'avoir, le 22 courant, soustrait de la boîte à bijoux de la comtesse de Morcar le précieux joyau qu'on appelle l'Escarboucle bleue. James Ryder, chef du personnel de l'hôtel, a témoigné avoir indiqué à Horner l'emplacement du dressing[3] de la dame le jour du vol afin qu'il soude le second barreau de la grille de la cheminée, qui était branlant[4]. Il était resté quelque temps en compagnie de Horner, avant d'être finalement appelé ailleurs. À son retour, il s'aperçut que Horner avait disparu, que le secrétaire[5] avait été forcé, et que le petit coffret en cuir dans lequel, comme nous l'apprîmes plus tard, la comtesse avait coutume de ranger son bijou, gisait vide sur la coiffeuse. Ryder donna instantanément l'alarme, et Horner fut arrêté le soir même ; mais la pierre resta introuvable, que ce soit sur lui ou dans son appartement. Catherine Cusack, la servante de la comtesse, a affirmé avoir entendu le cri de désarroi[6] de Ryder lorsqu'il a découvert le vol, puis être entrée précipitamment dans la pièce, où elle trouva les choses telles que les a décrites le précédent témoin. L'inspecteur Bradstreet, division B, a apporté son témoignage au sujet de l'arrestation de Horner, qui s'est débattu comme un forcené[7] et a protesté de

1. Soupçons.
2. Cour de justice.
3. Pièce qui sert à ranger les vêtements.
4. Mal fixé.
5. Bureau.
6. D'angoisse, de détresse.
7. Fou.

son innocence dans les termes les plus vifs. Une précédente condamnation du prévenu[8] *pour vol ayant été révélée, le magistrat refusa de traiter l'affaire comme un simple délit*[9]*, et il le déféra devant les*[10] *assises. Horner, qui avait montré des signes d'une émotion intense pendant les délibérations*[11]*, se trouva mal lors du jugement et fut transporté hors du tribunal.*

– Hum ! Tant pis pour le tribunal, dit pensivement Holmes en jetant le journal de côté. Le problème qu'il nous faut maintenant résoudre, c'est de reconstituer l'enchaînement de circonstances qui conduit d'un coffret à bijoux dévalisé jusqu'au jabot d'une oie sur Tottenham Court Road. Vous voyez, Watson, nos petites déductions ont soudain pris un aspect beaucoup plus grave et moins innocent. Voici la pierre ; elle est issue de l'oie, et l'oie est venue de M. Henry Baker, le monsieur avec le vieux chapeau et toutes les autres caractéristiques avec lesquelles je vous ai ennuyé. À présent, nous devons donc nous mettre très activement en quête de ce monsieur, et déterminer quel rôle il a joué dans ce petit mystère. À cette fin, il nous faut d'abord essayer les moyens les plus simples, et cela consiste sans nul doute à passer une annonce dans tous les journaux qui paraissent le soir. En cas d'échec, j'aurai recours à d'autres méthodes.

– Qu'allez-vous écrire ?

– Donnez-moi un crayon et ce morceau de papier. Maintenant, voyons : *Trouvé à l'angle de Goodge Street, une oie et un chapeau melon noir. M. Henry Baker peut les récupérer en se présentant ce soir à 6h30 au 221B, Baker Street.* Voilà qui est clair et concis[12].

– Très. Mais en prendra-t-il connaissance ?

8. Personne soupçonnée d'un acte illégal.

9. Infraction à la loi.

10. Soumis l'affaire aux.

11. Débats.

12. Bref.

– Oh ! il jettera certainement un coup d'œil aux journaux, car pour un homme pauvre, la perte est d'importance. Il est évident qu'il a été tellement effrayé par sa mauvaise fortune[1] en cassant la vitrine et par l'arrivée de Peterson qu'il n'a pensé à rien d'autre que la fuite. Mais depuis lors, il a dû amèrement regretter le réflexe qui l'a poussé à lâcher son volatile[2]. De plus, la mention de son nom va faire en sorte qu'il la voie, car tous ceux qui le connaissent attireront son attention là-dessus. Tenez, Peterson, courez à l'agence de publicité et faites publier ceci dans les journaux du soir.

– Dans lesquels, monsieur ?

– Oh, dans le *Globe*, le *Star*, le *Pall Mall*, le *St-James*, l'*Evening News*, le *Standard*, l'*Echo* et tous ceux qui vous viendront à l'esprit.

– Très bien, monsieur. Et la pierre ?

– Ah ! oui. Je garde la pierre. Merci. Ah ! au fait, Peterson, achetez une oie sur le chemin du retour, et laissez-la-moi, car il nous en faudra une à donner à ce monsieur à la place de celle que votre famille est actuellement en train de dévorer.

Quand le commissionnaire fut parti, Holmes prit la pierre et la présenta devant la lumière.

– Quelle jolie chose, dit-il. Regardez comme elle brille et étincelle. Certes, elle est le noyau, le foyer d'un crime, comme toute belle pierre. Ce sont les appâts[3] favoris du diable. Dans les joyaux les plus gros et les plus anciens, chaque facette peut symboliser un crime de sang. Cette pierre n'a pas encore vingt ans. Elle fut trouvée sur les rives de la rivière Amoy dans le sud de la Chine, et elle est remarquable pour ce qu'elle offre toutes les caractéris-

1. Son manque de chance.
2. Oiseau.
3. Pièges.

tiques de l'escarboucle, à part qu'elle est bleue au lieu d'être rouge rubis. En dépit de son jeune âge, elle a déjà une histoire sinistre[4]. Deux meurtres, un jet de vitriol[5], un suicide et plusieurs vols ont été commis pour l'amour de ces deux grammes et demi de charbon cristallisé. Qui croirait qu'un joujou aussi ravissant puisse être un pourvoyeur des potences[6] et des prisons ? Je vais maintenant l'enfermer dans mon coffre, et envoyer à la comtesse un petit mot pour lui dire que nous la détenons.

– Pensez-vous que ce Horner est innocent ?

– Je ne sais pas encore.

– Bon, alors pensez-vous que cet autre, Henry Baker, a quelque chose à voir avec l'affaire ?

– Il est, je pense, nettement plus probable que Henry Baker soit un homme absolument innocent, qui n'avait pas la moindre idée que le volatile qu'il transportait avait une valeur beaucoup plus grande que s'il était en or massif. Cela, néanmoins, je l'établirai par un moyen très simple si nous obtenons une réponse à notre annonce.

– Et vous ne pouvez rien faire d'ici là ?

– Rien.

– Dans ce cas je vais continuer ma tournée médicale. Mais je serai de retour ce soir à l'heure que vous avez mentionnée, car j'aimerais assister à la conclusion de ce problème inextricable[7].

– Je serai heureux de vous voir. Je dîne à sept heures. Il y a de la bécasse[8], je crois. À propos, au vu des événements récents, peut-être devrais-je demander à Mme Hudson d'examiner son jabot.

J'avais été retardé par un patient[9], et il était donc un peu plus de six heures et demie lorsque je me retrouvai de

4. Effrayante.

5. Acide sulfurique qui brûle la peau.

6. Être la cause de pendaisons.

7. Compliqué.

8. Oiseau sauvage à la chair très estimée.

9. Malade.

nouveau à Baker Street. En approchant de la maison, j'aperçus un homme de haute taille portant un béret écossais, vêtu d'un manteau boutonné jusqu'au menton, qui attendait au-dehors dans le brillant demi-cercle de lumière qui filtrait à travers l'imposte[1]. Au moment même où j'arrivais, la porte s'ouvrit et on nous fit monter ensemble à l'appartement de Holmes.

– M. Henry Baker, je présume, dit-il en se levant de son fauteuil et en saluant son visiteur avec cette franche cordialité dont il savait si bien faire preuve. Je vous en prie, monsieur Baker, prenez place sur ce siège auprès du feu. La nuit est froide, et je constate que votre circulation sanguine est plus adaptée à l'été qu'à l'hiver. Ah ! Watson, vous arrivez pile au bon moment. Est-ce votre chapeau, monsieur Baker ?

– Oui, monsieur, c'est indiscutablement mon chapeau.

C'était un homme corpulent[2] avec les épaules tombantes, une tête énorme et un large visage intelligent terminé par une barbe en pointe d'un brun grisonnant. Une touche de rouge sur le nez et les joues, ainsi qu'un léger tremblement de sa main tendue confirmaient l'hypothèse de Holmes concernant son intempérance[3]. Sa redingote[4] noire avec des nuances brun-roux était boutonnée jusqu'en haut sur le devant, le col relevé, et ses poignets grêles dépassaient de ses manches sans laisser voir de manchettes[5] ou une chemise. Il parlait d'une manière sourde et saccadée, choisissant ses mots avec soin, et donnait globalement l'impression d'être un homme lettré et cultivé à qui la bonne fortune avait joué des tours.

– Nous avons gardé ces affaires quelques jours, dit Holmes, car nous nous attendions à voir une annonce de

1. Partie vitrée supérieure d'une porte.
2. Gros.
3. Alcoolisme.
4. Longue veste croisée.
5. Ornements au bout d'une manche.

votre part indiquant votre adresse. Je suis bien incapable de comprendre pourquoi vous n'en avez pas fait passer une.

Notre visiteur se mit à rire de manière un peu gênée.

– L'argent se fait pour moi plus rare que jadis, observa-t-il. J'étais certain que la bande de voyous qui m'a agressé avait emporté mon chapeau et l'oie. Je n'ai pas cru utile de dépenser plus d'argent dans de vaines[6] démarches pour tenter de les récupérer.

– C'est tout naturel. À propos, l'oie... nous avons été obligés de la manger.

– De la manger !

Dans son excitation notre visiteur se dressa à moitié sur son siège.

– Oui. Personne n'en aurait plus eu l'emploi si nous ne l'avions pas fait. Mais je suppose que l'oie que voici sur le buffet, qui est à peu près du même poids et qui est tout à fait fraîche, conviendra tout aussi bien à votre projet.

– Oh ! certainement, certainement, répondit M. Baker avec un soupir de soulagement.

– Bien entendu, nous avons gardé les plumes, les pattes, le jabot et tout le reste de votre oiseau, et si vous désirez...

L'homme éclata d'un rire franc.

– Ils me serviraient peut-être en tant que reliques[7] de mon aventure, dit-il, mais à part ça, je ne vois vraiment pas ce que les *disjecta membra*[8] de mon ancienne amie peuvent m'apporter. Non, monsieur, je pense, avec votre permission, que je vais concentrer mon attention sur le superbe volatile que j'aperçois sur le buffet.

Sherlock Holmes lança un regard acéré[9] dans ma direction avec un léger haussement d'épaules.

– Voici votre chapeau, alors, et voilà votre oiseau, dit-il.

6. Inutiles.
7. Souvenirs précieux.
8. Membres découpés (latin).
9. Vif.

J'y pense, est-ce que cela vous ennuierait de me dire où vous avez trouvé l'autre ? Je suis plutôt amateur de volaille, et j'ai rarement vu une oie mieux gavée[1].

– Bien sûr, monsieur, dit Baker, qui s'était levé et avait placé sous son bras le bien nouvellement acquis. Nous sommes quelques-uns à fréquenter la taverne[2] Alpha, près du Museum – on nous trouve au Museum la journée, vous comprenez. Cette année, notre brave tenancier[3], du nom de Windigate, a créé un club d'amateurs d'oies, et pour quelques pence[4] par semaine, chacun de nous reçoit une oie pour Noël. J'avais régulièrement payé ma contribution[5], et le reste vous est déjà connu. Je vous suis infiniment reconnaissant, car ce béret écossais ne sied[6] ni à mon âge ni à mon sérieux.

Avec une emphase[7] assez comique, il s'inclina avec solennité[8] devant nous et s'en alla à grandes enjambées.

– Et voilà pour M. Henry Baker, dit Holmes quand il eut fermé la porte derrière lui. Il est à peu près certain qu'il ignore tout de l'affaire. Avez-vous faim, Watson ?

– Pas particulièrement.

– Je suggère alors que nous transformions notre dîner en souper, et que nous suivions cette piste tant qu'elle est chaude.

– Tout à fait.

La nuit était glaciale, et nous enfilâmes de gros pardessus et enroulâmes une écharpe autour de notre cou. Dehors, les étoiles brillaient froidement dans le ciel sans nuages, et la buée qui sortait de la bouche des passants se changeait en fumée, comme autant de coups de pistolet. Nos pas résonnaient sèchement à travers le quartier des médecins, Wimpole Street, Harley Street, puis Wigmore

1. Nourrie.
2. Café-restaurant.
3. Patron de café.
4. Centimes anglais.
5. Part.
6. Ne convient.
7. Exagération.
8. Gravité.

Street et Oxford Street. En un quart d'heure, nous nous trouvâmes dans Bloomsbury devant la taverne Alpha, un petit débit de boisson à l'angle de l'une des rues qui descend vers Holborn. Holmes poussa la porte du bar et commanda deux chopes[9] de bière au patron, un homme au visage rougeaud portant un tablier blanc.

– Votre bière doit être excellente, si elle est aussi bonne que vos oies, dit-il.

– Mes oies !

L'homme semblait étonné.

– Oui. Je parlais il y a encore une demi-heure avec M. Henry Baker, un membre de votre club d'amateurs d'oies.

– Ah ! oui, je vois, monsieur, mais ce ne sont pas mes oies.

– Tiens ? À qui sont-elles alors ?

– C'est-à-dire que… j'en ai eu deux douzaines par un marchand de Covent Garden.

– Vraiment ? j'en connais quelques-uns. Lequel était-ce ?

– Son nom est Breckinridge.

– Ah ! je ne le connais pas. Bon, à votre santé, patron, et à la prospérité[10] de votre établissement. Bonne nuit !

Et maintenant, allons trouver ce M. Breckinridge, reprit-il en boutonnant son manteau jusqu'en haut alors que nous sortions dans le froid glacial. Souvenez-vous, Watson, que si nous avons à un bout de la chaîne une chose aussi banale qu'une oie, à l'autre il y a un homme qui risque sept ans de travaux forcés[11], à moins que nous n'établissions son innocence. Il est possible que notre enquête ne fasse que confirmer cette culpabilité ; mais, de toute façon, nous avons une piste de recherche que la police n'a pas découverte et qu'une chance singulière a

9. Grands verres à bière.
10. Succès.
11. Bagne.

placée entre nos mains. Suivons-la jusqu'au bout. En route donc pour le sud, et en avant marche !

Nous traversâmes Holborn, Endell Street, puis tout un dédale[1] de taudis[2] jusqu'au marché de Covent Garden. L'un des plus grands éventaires[3] portait le nom de Breckinridge, et le propriétaire, un type à l'air chevalin[4] avec un visage anguleux et des favoris[5] bien taillés, aidait un jeune garçon à fermer la boutique.

– Bonsoir. La nuit est froide, dit Holmes.

Le marchand hocha la tête et lança un regard interrogateur à mon ami.

– Plus d'oies à vendre, à ce que je vois, poursuivit Holmes en désignant les étals[6] en marbre vides.

– Je peux vous en avoir cinq cents pour demain matin.

– Ça ne m'intéresse pas.

– J'en ai quelques-unes qui sont en train de rôtir à la flamme du gaz.

– Oh, j'oubliais, on m'a recommandé à vous.

– Qui ça ?

– Le patron de l'Alpha.

– Ah oui ! je lui en ai envoyé deux douzaines.

– C'étaient de bien jolies oies. Et où les aviez-vous eues ?

À mon grand étonnement, le marchand à cette question se mit en colère.

– Alors écoutez, monsieur, dit-il la tête inclinée et les poings sur les hanches, où voulez-vous en venir ? Soyez direct, maintenant.

– C'est suffisamment direct. J'aimerais savoir qui vous a vendu les oies que vous avez fournies à l'Alpha.

– Eh bien ! je vous le dirai pas. Assez maintenant !

1. Labyrinthe.
2. Logements misérables.
3. Étalages en plein air.
4. Qui évoque le cheval.
5. Touffes de barbe qu'on laisse pousser de chaque côté du visage.
6. Tables sur les marchés.

– Oh ! ce n'est pas très important ; mais je ne comprends pas pourquoi vous êtes aussi sensible à propos d'une telle bagatelle[7].

– Sensible ! Vous seriez tout aussi sensible, peut-être bien, si vous étiez harcelé[8] comme je le suis. Quand je paye un bon article argent comptant[9], j'estime que l'affaire est terminée ; mais ce ne sont que des « Où sont les oies ? » et « À qui les avez-vous vendues ? » et « Combien prenez-vous pour les oies ? ». On croirait que ce sont les seules oies dans le monde, quand on entend le tapage[10] qu'on fait autour d'elles.

– Mais je n'ai aucun rapport avec ceux qui ont posé ces questions, dit Holmes négligemment. Si vous ne voulez pas nous le dire, il n'y a plus de pari, c'est tout. Je suis toujours prêt à parier lorsqu'il s'agit de volaille, et j'ai misé un billet de cinq que le volatile que j'ai mangé a été engraissé à la campagne.

– Eh bien, dans ce cas, vous avez perdu vos cinq livres, car elle a été engraissée en ville, rétorqua le marchand.

– Ce n'est pas le cas.

– Je vous dis que si.

– Je ne le crois pas.

– Vous pensez qu'vous en savez plus sur la volaille que moi qui les manipule depuis que je suis gosse ? je vous le dis, toutes les oies livrées à l'Alpha avaient été engraissées en ville.

– Vous ne me ferez jamais croire cela.

– Vous pariez, alors ?

– Ce serait vous voler votre argent, car je sais que j'ai raison. Mais je parie un souverain[11] avec vous, juste pour vous apprendre à ne pas être têtu.

7. Question sans importance.
8. Poursuivi.
9. Sans crédit.
10. Bruit excessif.
11. Monnaie d'or anglaise qui vaut une livre sterling

Le marchand émit un petit rire amusé.

– Bill, trouve-moi les livres de comptes, dit-il.

Le jeune garçon apporta un petit registre[1] mince et un autre très grand, dont la couverture était tachée de graisse, et les posa tous deux sous la lampe suspendue.

– Voyons maintenant, monsieur Jesaistout, dit le marchand. Je croyais être à court, mais avant que j'en aie terminé, vous allez vous apercevoir qu'il reste une oie dans ma boutique. Vous voyez ce petit livre ?

– Et alors ?

– C'est la liste des gens à qui j'achète. Vous voyez ? Bon, eh bien ici, sur cette page, vous avez les fournisseurs à la campagne, les chiffres à la suite de leurs noms indiquent où se trouvent leurs comptes dans le gros registre. Voyons maintenant ! Vous voyez cette autre page à l'encre rouge ? C'est la liste des fournisseurs de la ville. Maintenant, regardez ce troisième nom. Lisez-le-moi.

– Mme Oakshott, 117, Brixton Road… 249, lut Holmes.

– Exactement. Maintenant, reportez-vous au gros registre.

Holmes se rendit à la page indiquée.

– Voici Mme Oakshott, 117, Brixton Road, fournisseur d'œufs et de volaille.

– Et maintenant, quelle est la dernière mention ?

– « 22 décembre. Vingt-quatre oies à sept shillings[2] et demi. »

– Exactement. Voilà. Et au-dessous ?

– « Vendues à M. Windigate de l'Alpha à douze shillings. »

– Alors, qu'avez-vous à dire ?

Sherlock Holmes avait l'air profondément chagriné. Il

1. Cahier.

2. Monnaie anglaise.

tira un souverain de sa poche et le jeta sur l'étal, et il se détourna avec la mine de celui dont le dégoût va au-delà des mots. Quelques mètres plus loin, il s'arrêta sous un lampadaire et se mit à rire de cette manière franche et silencieuse qui lui était propre.

– Quand vous voyez un homme avec des favoris taillés comme ceux-là et le journal du turf[3] qui dépasse de sa poche, il est toujours possible de l'attirer avec un pari, dit-il. Je crois que si j'avais posé cent livres devant lui, cet homme ne m'aurait pas donné des informations aussi complètes que celles que j'ai récoltées grâce à l'idée qu'il remporterait son pari. Voilà, Watson, je crois que nous approchons du terme[4] de notre quête, et le seul point qui reste à déterminer, c'est de savoir si nous irons voir cette Mme Oakshott ce soir ou si nous gardons cela pour demain. Il est évident, d'après ce que nous a dit cet individu acariâtre[5], que d'autres gens s'intéressent à l'affaire, et je devrais…

Ses mots se perdirent soudain dans un brouhaha qui provenait de l'étal que nous venions de quitter. En nous retournant, nous aperçûmes un petit individu à face de rat se tenant dans le cercle de lumière de la lampe qui se balançait, tandis que Breckinridge, le marchand, planté dans l'encadrement de la porte, agitait violemment les poings en direction de la silhouette servile[6].

– J'en ai assez de vous et de vos oies, cria-t-il. Allez donc tous au diable. Si vous venez encore me harceler avec vos idioties, je lâche le chien. Amenez Mme Oakshott ici et je lui répondrai, mais vous, en quoi ça vous concerne ? Est-ce à vous que j'ai acheté ces oies ?

– Non. Mais l'une d'elles était quand même la mienne, gémit le petit homme.

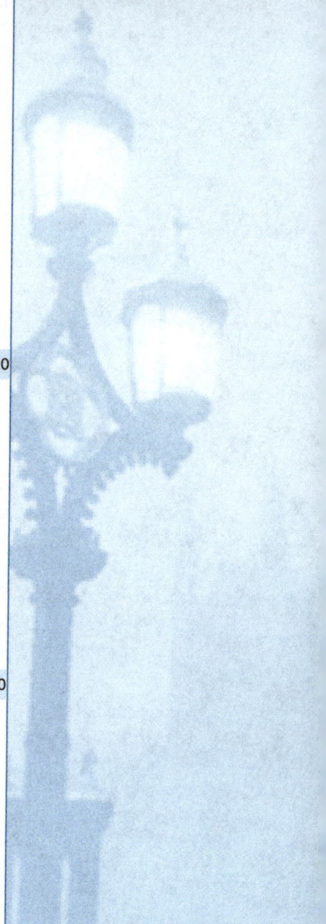

3. Tiercé.
4. De la fin.
5. Grincheux.
6. Soumise.

– Bon, alors voyez avec Mme Oakshott.

– Elle m'a dit de m'adresser à vous.

– Eh bien ! alors demandez au roi de Prusse, pour ce que j'en ai à faire ! J'en ai assez. Sortez d'ici !

Il se précipita comme une furie, et le curieux s'envola dans l'obscurité.

– Ha ! ceci nous a peut-être épargné une visite à Brixton Road, murmura Holmes. Venez avec moi, nous allons voir ce que nous pouvons tirer de ce type-là.

Se hâtant entre les grappes de gens qui flânaient autour des étals illuminés, mon compagnon rattrapa rapidement le petit homme et lui tapa sur l'épaule. Celui-ci se retourna vivement, et je pus voir dans la lumière du bec de gaz que toute couleur avait déserté son visage.

– Qui êtes-vous donc ? Qu'est-ce que vous voulez ? demanda-t-il d'une voix chevrotante[1].

– Vous m'excuserez, dit calmement Holmes, mais je n'ai pu m'empêcher d'entendre les questions que vous venez de poser au marchand. Je crois pouvoir vous aider.

– Vous ? Qui êtes-vous ? Comment pouvez-vous savoir quoi que ce soit de l'affaire ?

– Mon nom est Sherlock Holmes. C'est mon travail de savoir ce que les autres ignorent.

– Mais vous ne pouvez pas être au courant ?

– Pardon, je sais tout. Vous êtes en train de pister[2] des oies qui ont été vendues par Mme Oakshott, de Brixton Road, à un marchand nommé M. Breckinridge, puis par lui à M. Windigate de l'Alpha, et ensuite par celui-ci à son club, dont est membre M. Henry Baker.

– Oh ! monsieur, vous êtes exactement l'homme que je cherchais à rencontrer ! s'exclama le petit homme, les

1. Tremblante.
2. Suivre la piste.

mains tendues et les doigts tremblants. Si vous saviez à quel point cette affaire m'intéresse !

Sherlock Holmes héla une voiture à quatre roues qui passait.

– Dans ce cas, il vaudrait mieux en discuter dans un endroit confortable plutôt que dans ce marché battu par le vent, dit-il. Mais dites-moi je vous prie, avant que nous n'allions plus loin, à qui j'ai le plaisir de prêter assistance[3].

L'homme hésita un instant.

– Mon nom est John Robinson, répondit-il en jetant un regard en coin.

– Non, non ; le vrai nom, dit doucement Holmes. Il est toujours délicat[4] d'être en affaires avec un pseudonyme[5].

Les joues pâles de l'inconnu se colorèrent d'un coup.

– Bon, dans ce cas, dit-il, mon véritable nom est James Ryder.

– Exactement. Chef du personnel à l'hôtel Cosmopolitan. Je vous prie de monter dans le fiacre[6], et je pourrai bientôt vous dire tout ce que vous souhaitez savoir.

Le petit homme demeura à nous regarder l'un après l'autre, partagé entre l'effroi[7] et l'espoir, comme quelqu'un qui ne sait pas s'il est à deux doigts d'une bonne surprise ou d'une catastrophe. Puis il monta dans le fiacre, et une demi-heure plus tard nous étions de retour dans le salon de Baker Street. Aucune parole ne fut prononcée durant le trajet, mais le souffle court et sonore de notre nouvelle connaissance, ainsi que ses mains qui se serraient et se desserraient trahissaient la tension intérieure qui l'agitait.

– Nous y voilà ! dit joyeusement Holmes tandis que nous entrions l'un après l'autre dans la pièce. Un feu me

3. Apporter de l'aide.
4. Difficile.
5. Faux nom.
6. Voiture à cheval.
7. Épouvante.

semble être quelque chose de tout à fait opportun[1] par ce temps. Vous avez l'air gelé, monsieur Ryder. Prenez place dans le fauteuil en osier, je vous prie. Je vais juste enfiler mes pantoufles avant que nous ne réglions notre petit problème. Voilà ! Vous voulez donc savoir ce que sont devenues ces oies ?

– Oui, monsieur.

– Ou plutôt, je présume, cette oie. C'est à une oie en particulier, je suppose, que vous vous intéressez : blanche, avec une barre noire sur la queue ?

Ryder en trembla d'émotion.

– Oh, monsieur, s'écria-t-il, pouvez-vous me dire où elle est passée ?

– Elle est arrivée ici.

– Ici ?

– Oui, et elle s'est avérée un volatile tout à fait remarquable. Je ne suis pas étonné que vous vous y intéressiez. Elle a pondu un œuf après sa mort. Le plus joli et le plus brillant œuf bleu que j'aie jamais vu. Je l'ai ici dans mon musée.

Notre visiteur bondit sur ses pieds et se cramponna[2] à la cheminée de la main droite.

Holmes ouvrit le coffre et présenta l'escarboucle bleue qui scintillait comme une étoile, d'une lueur froide, brillante, rayonnant de toutes ses facettes. Ryder resta debout à regarder, les traits tirés, ne sachant s'il devait la réclamer ou la rejeter.

– La partie est terminée, Ryder, dit Holmes calmement. Tenez le coup, mon gars, sinon vous allez vous retrouver dans le feu ! Donnez-lui le bras pour le reconduire à son siège, Watson. Il n'a pas assez de sang-froid[3] pour

1. Indiqué.
2. S'agrippa.
3. Maîtrise de soi.

commettre un crime impunément[4]. Donnez-lui une rasade[5] de cognac. Voilà ! il retrouve un peu figure humaine. Quelle lavette[6], tout de même !

Pendant un instant, il avait chancelé[7] et manqué de tomber, mais le cognac ramena un peu de couleur sur ses joues, et il s'assit en posant sur son accusateur un regard épouvanté.

– J'ai presque tous les éléments en main, et toutes les preuves dont je peux avoir besoin, et par conséquent vous aurez peu de chose à m'apprendre. Cependant, il vaudrait mieux que ce peu de chose soit éclairci pour achever l'enquête. Vous aviez entendu parler, Ryder, de cette pierre bleue appartenant à la comtesse de Morcar ?

– C'est Catherine Cusack qui m'en a parlé, dit-il d'une voix cassée.

– Je vois. La demoiselle de compagnie de son altesse. Et la tentation d'une fortune si soudaine et si facilement acquise a été trop forte, comme à d'autres bien supérieurs à vous. Mais vous n'avez pas eu trop de scrupules[8] quant aux moyens. Il me semble, Ryder, que vous avez l'étoffe[9] d'une jolie petite canaille. Vous saviez que cet homme, le plombier Horner, avait déjà été mêlé à une affaire analogue par le passé, et que les soupçons se porteraient plus facilement sur lui. Alors qu'avez-vous donc fait ? Vous avez trafiqué quelque chose dans la chambre de la dame, vous et votre complice Catherine Cusack, et vous vous êtes débrouillé pour que l'on fasse appel à lui. Puis, une fois parti, vous avez dévalisé le coffret à bijoux, donné l'alerte, et fait arrêter ce pauvre homme. Puis vous…

Ryder se jeta soudainement sur le tapis et agrippa les genoux de mon ami.

4. Sans être puni.
5. Un verre rempli à ras bords.
6. Quel lâche !
7. Titubé.
8. Hésitations.
9. Les qualités.

– Pour l'amour de Dieu, ayez pitié ! hurla-t-il. Pensez à mon père ! À ma mère ! Cela leur briserait le cœur. Je n'avais jamais mal agi auparavant ! Et je ne le ferai plus jamais ! Je le jure ! Oh ! ne portez pas l'affaire devant le tribunal. Pour l'amour du Christ, ne faites pas ça !

– Retournez à votre fauteuil ! dit Holmes sur un ton sévère. C'est très bien de pleurer et de ramper désormais, mais vous vous êtes peu soucié de ce pauvre Horner, qui est en prison pour un crime dont il ignore tout.

– Je vais m'enfuir, monsieur Holmes. Je vais quitter le pays, monsieur. Comme cela, l'accusation contre lui s'effondrera.

– Hum ! Nous en reparlerons. Et maintenant, racontez-nous fidèlement l'acte suivant. Comment la pierre est-elle arrivée jusqu'à l'oie, et comment l'oie s'est-elle retrouvée en vente sur le marché ? Dites-nous la vérité, car c'est là que réside votre seule chance de salut[1].

Ryder passa sa langue sur ses lèvres desséchées.

– Je vais vous raconter exactement ce qui s'est passé, monsieur, dit-il. Quand Horner a été arrêté, il m'a semblé qu'il valait mieux disparaître aussitôt avec la pierre, car je savais que la police pouvait avoir l'idée de me fouiller, ainsi que ma chambre. Il n'y avait pas dans l'hôtel d'endroit sûr. Je sortis comme si j'allais faire une course, et je me rendis chez ma sœur. Elle a épousé un dénommé Oakshott et habite dans Brixton Road, où elle engraisse des oies qu'elle destine au marché. Tout le long du chemin, je ne croisai que des hommes qui m'avaient l'air d'être des policiers ou des enquêteurs, et bien que la nuit soit froide, j'avais le visage couvert de sueur avant même d'atteindre Brixton Road. Ma sœur me demanda ce que je

1. D'être sauvé.

voulais, et pourquoi j'étais si pâle ; mais je lui dis que j'étais perturbé[2] par le vol qui avait été commis à l'hôtel. Puis je me rendis dans l'arrière-cour pour fumer une pipe, cherchant la meilleure solution.

J'ai un ami du nom de Maudsley qui a mal tourné et qui vient de finir de purger sa peine[3] à Pentonville. Un jour que nous nous étions rencontrés, il se mit à me parler des méthodes des voleurs, comment ils écoulaient les objets dérobés. Je savais qu'il serait loyal envers moi, car je connaissais deux ou trois petites choses sur son compte, et je décidai donc d'aller droit à Kilburn, où il habite, et de le mettre dans la confidence. Il m'apprendrait à convertir la pierre en argent. Mais comment me rendre sans risques chez lui ? Je repensai aux souffrances que j'avais endurées pour venir de l'hôtel. Je risquais d'être arrêté et fouillé à tout moment, et on trouverait la pierre dans la poche de mon gilet. J'étais à cet instant appuyé contre le mur, en train de regarder les oies qui se dandinaient[4] autour de moi, et soudain me vint une idée susceptible[5] de mettre en échec[6] le meilleur policier de tous les temps.

Ma sœur m'avait annoncé quelques semaines plus tôt que je pourrais avoir la plus belle de ses oies comme cadeau de Noël, et je savais qu'elle tenait toujours parole. Je pouvais prendre mon oie à ce moment-là et l'utiliser pour transporter ma pierre jusqu'à Kilburn. Il y avait un petit appentis[7] dans la cour, derrière lequel j'attirai l'une des oies, une belle bien dodue[8], blanche avec un trait sur la queue. Je l'attrapai, et maintenant son bec ouvert, je lui fourrai la pierre dans la gorge aussi loin que mon doigt pouvait aller. L'oiseau déglutit[9], et je sentis la pierre

2. Troublé.
3. Sortir de prison.
4. Marchaient maladroitement.
5. Capable.
6. En difficulté.
7. Hangar.
8. Grasse.
9. Avala.

passer dans son gosier puis dans son jabot. Mais la créature se mit à agiter les ailes et à se débattre, et ma sœur sortit pour voir ce qui se passait. J'allais me mettre à parler quand la bête se libéra et rejoignit les autres en quelques battements d'ailes.

– Mais que faisais-tu avec cet oiseau, Jem ? me dit-elle.

– Eh bien ! dis-je, tu m'as dit que tu m'en donnerais une pour Noël, et je regardais laquelle était la plus grasse.

– Oh, dit-elle, nous avons mis la tienne de côté. L'oiseau de Jem qu'on l'appelle. C'est la grosse toute blanche, là-bas. Il y en a vingt-six, ce qui en fait une pour toi, une pour nous et deux douzaines pour le marché.

– Merci, Maggie, lui dis-je, mais si ça revient au même pour toi je préférerais avoir celle que j'avais entre les mains à l'instant.

– L'autre a presque deux kilos de plus, dit-elle, et nous l'avons engraissée rien que pour toi.

– C'est pas grave. Je vais prendre l'autre, et je vais l'emporter maintenant, dis-je.

– Oh, c'est comme tu veux, dit-elle un peu vexée. Laquelle tu prends alors ?

– La blanche, là, avec le trait sur la queue, juste au milieu du troupeau.

– Bon, très bien. Tu n'as qu'à la tuer et la prendre avec toi.

Je fis ce qu'elle m'avait dit, monsieur Holmes, et j'emportai la volaille jusqu'à Kilburn. Je racontai à mon camarade ce que j'avais fait, car c'était quelqu'un à qui on pouvait dire ce genre de chose. Il rit à s'en étouffer, prit un couteau et ouvrit l'oie. Mon cœur s'arrêta lorsque je vis qu'il n'y avait pas trace de la pierre, et je compris qu'une terrible erreur avait été commise. Je laissai l'oiseau, retournai en vitesse chez ma sœur, et me précipitai dans l'arrière-cour. Il n'y avait plus une seule oie.

– Où sont-elles toutes, Maggie ? m'écriai-je.

– Parties chez le négociant[1].

– Quel négociant ?

– Breckinridge, de Covent Garden.

– Mais y en avait-il une autre avec une barre sur la queue, demandai-je, comme celle que j'ai choisie ?

– Oui, Jem, il y en avait deux avec une barre sur la queue, impossible pour moi de les distinguer.

Bon, j'avais compris, et je repartis en courant à toutes jambes trouver ce Breckinridge. Mais il les avait toutes vendues d'un coup, et il ne voulut pas me dire un seul mot sur leur destination. Vous l'avez vous-même entendu, ce soir. Eh bien, il m'a toujours répondu sur ce ton. Ma sœur croit que je suis en train de devenir fou. Parfois je le crois moi-même. Et maintenant, me voilà devenu un voleur patenté[2], sans même avoir touché la fortune pour laquelle j'ai vendu ma réputation. Dieu, aide-moi ! Dieu, aide-moi !

Il se mit à sangloter de manière convulsive[3], le visage enfoui dans ses mains.

Il y eut un long silence, interrompu seulement par sa respiration bruyante et par le bruit des doigts de Sherlock Holmes qui tapotaient en mesure sur le rebord de la table. Alors mon ami se leva et ouvrit la porte.

– Sortez ! dit-il.

– Comment, monsieur ? Oh, que Dieu vous bénisse !

– Plus un mot ! Sortez !

Il ne fut plus nécessaire d'en dire plus. Il y eut un bond, un bruit de pas dévalant des marches, une porte qui claquait, et une cavalcade[4] provenant de la rue.

1. Marchand.
2. Confirmé.
3. Nerveuse.
4. Course bruyante.

– Après tout, Watson, dit Holmes en tendant la main pour saisir sa pipe en terre, je ne suis pas tenu par la police de suppléer son insuffisance[1]. Si Horner était en danger, ce serait une autre histoire, mais ce type ne témoignera plus contre lui, et l'accusation devrait s'effondrer. Je pense que je couvre une félonie[2], mais il est aussi possible que je sauve une âme. Cet individu ne fera plus jamais de mal. Il est bien trop terrorisé. Envoyez-le en prison maintenant, et vous en ferez un gibier de potence[3] pour la vie. De plus, c'est la bonne saison du pardon. Le hasard a placé sur notre route ce problème en tout point étrange et singulier, et sa résolution est notre seule récompense. Si vous aviez la bonté de tirer sur la sonnette, docteur, nous pourrions entamer une autre investigation[4], dans laquelle une volaille sera également le principal élément.

1. Compenser ses incapacités.
2. Cache un acte illégal.
3. Personne susceptible d'être pendue.
4. Enquête.

à lire

Wiggins et Béatrice Nicodème

Wiggins et la ligne chocolat, **Syros, 1995**

Une ligne d'omnibus, la ligne chocolat, est le fil conducteur d'une nouvelle aventure de Wiggins dont la mère est accusée de vol. À son fils de faire éclater la vérité !

Un rival pour Sherlock Holmes, **Syros, 1999**

Deux enquêtes à la fois ! Wiggins ne sait plus où donner de la tête, d'autant plus que Sherlock Holmes ne fait rien pour l'aider...

Défi à Sherlock Holmes, **Syros, 1999**

Un tueur en série plonge Londres dans la terreur et la police dans l'embarras. Heureusement Wiggins et Sherlock Holmes sont là !

Wiggins et Sherlock Holmes contre Napoléon, **Syros, 2000**

Le Napoléon du crime, Moriarty, continue ses méfaits. Sherlock Holmes va se mesurer à lui tandis que Wiggins se verra confier une autre énigme. Qui réussira en premier ?

Wiggins chez les Johnnies, **Syros, 2003**

Les Johnnies, ces Français venus de Roscoff pour vendre leurs oignons, et Wiggins se rencontrent. Mais où est Sherlock Holmes ?

Wiggins, personnage de Conan Doyle

Une étude en rouge, **2005,** trad. de Eric Wittersheim, édition bilingue, Omnibus.

Dans une maison vide, un homme est trouvé mort. Assassiné ? Il n'a aucune blessure apparente mais le sol est taché de sang. Sur le mur une inscription...

Le Signe des quatre, **2005,** trad. de Eric Wittersheim, édition bilingue, Omnibus, 2005.
Les secrets de l'Inde des maharajahs permettront à Sherlock Holmes de sauver une jeune fille en détresse. Wiggins lui apportera une aide modeste mais… efficace.

Les énigmes de Sherlock Holmes par Conan Doyle

Le Chien de Baskerville, **2005,** trad. de Eric Wittersheim, édition bilingue, Omnibus.
Un fantôme sur la lande tue tous les héritiers d'un manoir. Sherlock Holmes cédera-t-il à la panique ?

à voir

Le Chien des Baskerville, **Sidney Landfield, 1939**
La malédiction va-t-elle s'éteindre dans les brumes de la lande ?

La Vie privée de Sherlock Holmes, **Billy Wilder, 1969**
Le détective comme vous ne l'auriez jamais imaginé, pris dans une aventure délirante où il a bien du mal à garder son sérieux.

Élémentaire mon cher… Lock Holmes, **Tom Eberhardt, 1988**
Où le célèbre détective est une invention de Watson, qui doit embaucher un mauvais acteur pour jouer son rôle. Parviendront-ils à donner le change ?

Oliver Twist, **Roman Polanski, 2005**
Un double de Wiggins, encore plus malheureux car il est orphelin, d'après l'œuvre de Charles Dickens.

Tables des illustrations

p. 2-3-5-7-9-13-31-32-33-34-53-54-55-56-68-69-70-71 © akg-images

p. 6-116 Béatrice Nicodème-DR

p. 10 (haut) Lithographie en couleurs de George Cruikshank pour *Les Aventures d'Oliver Twist* de Charles Dickens (1812-1870), Chapman & Hall, 1901 © The Bridgeman Art Library.

p. 10 (milieu et bas) © akg-images

p. 11 (haut) *Vendeuses de fleurs à Covent Garden* d'Arthur-Claude Cooke (1867-1951) © Ackermann and Jonhson Ltd, Londres, The Bridgeman Art Library.

p. 11 (milieu) Gravure, 1888, b&w photo © The Bridgeman Art Library.

p. 11 (bas) Lithographie de Frederick Barnard, 1894, pour *Charles Dickens* © The Bridgeman Art Library.

p. 14 *Going to the city*, James Jacques Joseph Tissot, 1879 © The Bridgeman Art Library.

p. 75 Photo du film *Jack l'éventreur* © Collection Christophe L.

p. 80 *Le Palais de Westminster* de George Vicat Cole, 1892 © Guildhall Art Gallery, Londres, The Bridgeman Art Library

P. 81-113 *C'est un si beau jour pour être une oie*, huile sur toile de Jacob Sutton, 2000 © The Bridgeman Art Library.

p. 82 *Portrait de sir Arthur Conan Doyle* de William Henry Gates (1888-1935) © The Bridgeman Art Library.

p. I © The Bridgeman Art Library

p. II © Leemage / Selva

p. III © Leemage / Selva

p. IV © akg-images

Conception graphique : Laurence Durandau / Marie-Astrid Bailly Maitre
Design de couverture : Concept et illustration Hartland Villa
Recherche iconographique : Gaëlle Mary
Mise en page : Alpha-Edit
Édition : Mélanie Rombaut
Coordination éditoriale : Marion Noesser
Direction éditoriale : Odette Dénommée

MIXTE
Papier issu de sources responsables
FSC® C022030
FSC www.fsc.org

Impression & brochage SEPEC - France
Numéro d'impression : 06601161103 - Dépôt légal : octobre 2016
Numéro de projet : 10231212

La cigarra
y la hormiga

Título original: La cicala e la formica.
Proyecto gráfico: Gaia Stock
Traducción: Ana Belén Valverde Elices

ISBN: 978-84-8483-434-2
Depósito legal: M-13136-2010
www.edicioneslaberinto.es

cuentos de bolsillo

La cigarra y la hormiga

de Esopo

...contado por Roberto Piumini

ilustrado por Nicoletta Costa

LABERINTO

Había una vez una cigarra que, sentada tranquilamente sobre una hoja, disfrutando del sol del verano, cantaba todo el día.

Si veía pasar una pareja de ratoncitos buscando semillas, la cigarra cantaba:

¡Ay, ratoncito, cuanto afán,
por querer todo el año trabajar!
¡Cuánto afán, ratoncita:
la fatiga te marchita!

Pero los ratoncitos no la escuchaban y continuaban con su trabajo.

La cigarra cantaba y cantaba sobre su hoja verde y si una abeja se posaba zumbando sobre una flor cercana, ella le cantaba:

¡Qué pena trabajar!

¡Qué pena fatigar!

Pero la abeja seguía chupando el néctar y no le hacía caso.

Un día, mientras tomaba el sol cantando, la cigarra vio una hormiga que pasaba por allí, arrastrando un grano de trigo dorado.

La cigarra se asomó por el borde de la hoja y le cantó:

¡Ay, pobre hormiga,
qué dura fatiga!
¡Ay, pobre hormiga,
qué triste fatiga!

La hormiga se detuvo, se apoyó en el grano de trigo, levantó la cabeza hacia la cigarra y le dijo:

"¿Por qué no me ayudas, cigarra? ¡Así mi fatiga sería menor!"

La cigarra rió a carcajadas y luego cantó:

¡Hay quien nace cigarra,
y quien nace hormiga!
¡Hay quien canta,
y quien fatiga!

Sin decir nada, la hormiga continuó arrastrando su grano de trigo.

Pasaron las semanas.

Pasaron los meses.

El otoño sucedió al verano y ahora los días eran más cortos y más fríos.

Los animalitos del bosque se apresuraban a almacenar comida en sus madrigueras, mientras la cigarra seguía cantando. Sin embargo, lo hacía con menos ganas pues sentía pena porque la hoja en la que descansaba estaba perdiendo su color.

De repente un día, la hoja se desprendió del árbol y la cigarra cayó al suelo.

Se irguió sobre sus patas y, confundida, miró a su alrededor.

También el otoño estaba a punto de terminar.

Las hojas, que caían silenciosas, cubrían el suelo y ya quedaba poco que comer.

La cigarra tenía hambre, pero en el suelo ya no había nada.

Comenzó a hacer frío.

La cigarra caminó de un lado a otro, hurgando por todas partes en busca de comida, pero no encontró nada.

Cayó la primera nevada.

El sol la derritió.

Luego cayó otra más.

La cigarra intentó entrar en la madriguera del ratón, pero no consiguió apartar la piedra que la cerraba.

Quiso entrar en la colmena, pero estaba sellada con cera.

La cigarra, muerta de frío y de hambre, se acercó a la entrada del hormiguero. Era estrecho, pero como había adelgazado, consiguió pasar.

Caminó y caminó hasta llegar a una cueva donde había miles de bonitos, fragantes y dorados granos de trigo.

La cigarra se sintió abrumada por aquel delicioso olor.

Pero el trigo estaba custodiado por las hormigas.

"Hermanas hormigas, ¿me dais un poco de vuestro trigo?" preguntó la cigarra.

"El trigo es para nosotras" le respondieron las hormigas. "Hemos trabajado todo el verano para tener comida en el invierno."

"¡Por favor, tan sólo unos cuantos granos!" imploró la cigarra.

"Para traer estos granos aquí, nosotras hemos trabajado durante días" explicó una hormiga.

"¿Qué has hecho tú este verano?" preguntó otra.

"He cantado" respondió la cigarra.

"¡Pues ahora baila!" dijeron a coro las hormigas.

Dirigiéndose hacia la salida, la cigarra pensó: "Si consigo pasar el invierno, cuando llegue el verano cantaré, pero también trabajaré."

cuentos de bolsillo

Los músicos de Bremen

Caperucita Roja

Hansel y Gretel

La cigarra y la hormiga

Los tres cerditos

Pinocho

Este libro se acabó de imprimir
en abril de 2010